孝經文獻叢刊 第一輯

曾振宇 江曦 主編

古文孝經指解

（外二十三種）

下

【宋】司馬光 等撰 張恩標 徐瑞 李静雯 整理

上海古籍出版社

孝經疑問

【明】姚舜牧　撰

張恩標　點校

點校説明

《孝經疑問》一卷，明姚舜牧撰。舜牧（一五四三—一六二二）字虞佐，號承庵。浙江烏程縣人。萬曆元年（一五七三）舉人，萬曆二十一年任新興知縣，三十一年令廣昌縣。好讀書，殫精四書五經，彙成《疑問》行世。又有《來恩堂草》《性理指歸》等書。《孝經疑問》有明來恩堂刻清乾隆二十年（一七五五）重修本，《四庫存目叢書》據以影印，又有光緒九年（一八八三）姚覲元《咫進齋叢書》本，其底本蓋源於來恩堂刻本，《叢書集成初編》則據《咫進齋叢書》本排印。今以《四庫存目叢書》所影印來恩堂刻本作底本，《咫進齋叢書》本作校本。末附四庫提要。

孝經疑問序

來恩堂承菴姚舜牧著
男祚端　祚碩　祚敦　祚重　祚馴校

子曰：「吾志在《春秋》，行在《孝經》。」是《孝經》，孔氏之書，宜與五經並垂不朽，兹何不頒之學宫，豈以其書約而無足傳耶？顧其書雖約，而其道甚大，通于神明，光于四海，何可泯滅無傳？方今聖天子以孝治天下，將舉此書頒之學校，俾士子誦習，而開科登賢必賴焉者。諸士可無究心乎哉？因著四書五經後，特著《孝經疑問》以先之。蓋至德要道，天經地義，昭如日星，何復可疑而何俟於問所可疑者？謂「母取其愛」「君取其敬」等語之未必出於孔氏也；謂「則天之經」以下等語之類于漢儒也；謂「先之以博愛」以下等語之多紛雜也；謂所引「赫赫師尹，民具爾瞻」之語之不親切也；謂「以順則逆」以下等語雜取《左傳》所載季文子之言，朱子所謂並宜删去者也；又謂「開宗明義」何以名章也；又謂「天經」「地義」「民行」何以名「三才」也；又謂「至德」「要道」本同一理，何以云「廣要道」

「廣至德」之分割也；又謂「行成于内而名立於外」，何以云「廣揚名」也。諸如此類，大有可疑而必待問焉，正謂此昭如日星者無可疑無可，問而必可傳之來世也。誦者如謂牧言爲然，與列朱子所云並宜删去者之爲是也，惟命；如謂均列於聖經，則均可爲解，而無竢于疑焉者，亦惟命；若謂無端生疑，而因疑以起障，則非牧之所敢知也。

孝經疑問

烏程後學承菴姚舜牧著

余讀《孝經》，大都出孔子口吻，而漢儒不無附會其間，如「則天之經，因地之利，以順天下。是以其教不肅而成，其政不嚴而治」以下等語，似類漢儒之言，且各章皆引《詩》《書》爲結，與《韓詩外傳》《天禄閣外史》相類。學者但取其言有關大教者尊之爲經，而餘置勿問，則庶乎其可哉！

孔子論先王「至德要道」一章，何等親切有味，自後天子、諸侯、卿大夫、士、庶人總共一章，故結語云：「自天子以至於庶人，孝無始終，而患不及者，未之有也。」今乃分數章，各引《書》《詩》語爲結，似爲割裂，且各更端，必非夫子一時之言，今必强聯爲一而曰「此廣要道也」「此廣至德也」，「至德要道」可分割也乎哉？無已，則各爲一章可也。篇名似不宜立，若首章之《開宗明義》、七章之《三才》、十七章之《事君》，不知何所見而立此名也，一削去之可矣。

仲尼居,曾子侍。子曰:先王有至德要道,以順天下,民用和睦,上下無怨。女知之乎?曾子避席曰:參不敏,何足以知之?子曰:夫孝,德之本也,教之所由生也。復坐,吾語女。身體髮膚,受之父母,不敢毀傷,孝之始也。立身行道,揚名於後世,以顯父母,孝之終也。夫孝,始於事親,中於事君,終於立身。《大雅》云:「無念爾祖,聿修厥德。」

孝本是人之至德,是人之要道,唯先王身有之以順天下,民自用以和睦,而上下無怨。此是天地間之至理,故孔子首舉之以啓曾子之問。曾子謝不敏,不足以知之,於是夫子命之坐,而細與語焉。

至德即是要道,故下文但説「德之本也,教之所由生也」。天下道理那一不根於孝,故説是「德之本」;而天下之教化那一不由於孝來,故説「教之所由生」。有子曰:「君子務本,本立而道生。孝弟也者,其爲仁之本與!」全由此二句來。

「身體髮膚，受之父母，不敢毁傷」，何以爲孝之始？人子之生也，本父母之胚胎來，完完全全交付於我，一有毁傷，則失父母之故體矣，如何可成得個人？故必持一不敢毁傷之心，到老時體受歸全，若曾子之「啓予足，啓予手」，然後可還却父母之遺體。故曰：「守身，守之本也。」

持一不敢毁傷之心，則必思如何以全其身，成得個人。況「立身行道，揚名於後世」皆自此發軔也。故説是「孝之始」。

子曰：「修身以道。」纔思立身，便思行道，行道便可揚名於後世，以顯父母。此是實道理，如此始成得個人，如此可「無忝爾所生」，故説是「孝之終」。

論人不爲揚名計，然人子不揚名，不成得個人。是必如舜德爲聖人，然後可顯其親爲聖人之親；如文王可爲至德，然後顯其親爲至德之親。此是人子之所深顯而不可必得者，今一朝享有之。此孝外更無餘事，故曰「孝之終也」。

即此看來，始於不敢毁傷，是「始於事親」。而中間欲爲顯親揚名，事非得位，不可見得，故説「中於事君」。然欲顯親揚名，非行道以立身，如何可以做得？故説「終於立身」。要見立身行道，方可揚名以顯親。而非君莫可以致顯，故着「中於事君」句。

此引《詩》「無念爾祖，聿修厥德」「德」字，即「孝者，德之本也」「德」字，而「立身行道，揚名於後世，以顯父母」，方完却一個「道」字，故曰「至德要道」。此一章可完却《孝經》一書，餘所載不過抽出一人一事言之耳。

子曰：愛親者，不敢惡於人；敬親者，不敢慢於人。愛敬盡於事親，而德教加於百姓，刑於四海。蓋天子之孝也。《甫刑》云：「一人有慶，兆民賴之。」

在上不驕，高而不危；制節謹度，滿而不溢。高而不危，所以長守貴也。滿而不溢，所以長守富也。富貴不離其身，然後能保其社稷，而和其民人。蓋諸侯之孝也。《詩》云：「戰戰兢兢，如臨深淵，如履薄冰。」

非先王之法服不敢服，非先王之法言不敢道，非先王之德行不敢行。是故非法不言，非道不行；口無擇言，身無擇行；言滿天下無口過，行滿天下無怨惡。三者備矣，然後能守其宗廟。蓋卿大夫之孝也。《詩》云：「夙夜匪懈，以事一人。」

資於事父以事母而愛同，資於事父以事君而敬同。故母取其愛，而君取其敬，兼之者父也。故以孝事君則忠，以敬事長則順。忠順不失，以事其上，然後能保其禄位，而守其祭祀。蓋士之孝也。《詩》云：「夙興夜寐，無忝爾所生。」

用天之道，分地之利，謹身節用，以養父母。此庶人之孝也。故自天子至於庶人，孝無終始，而患不及者，未之有也。

「身體髮膚，受之父母，不敢毁傷，孝之始也」，此言極明白，不復説了。唯「立身行道，揚名於後世，以顯父母」，此中却有尊卑上下之不同，故自天子至於庶人，皆一一明言之，以見其孝之等皆有足稱者。孝始於立愛、立敬，凡愛親者必推親親之愛，自然不敢惡於人;敬親者必推親親之敬,自然不敢慢於人。是愛敬盡於事親,而德教之施自然加於百姓,刑於四海,則通天下之人皆在合愛、合敬中,是爲天子之孝。蓋天子之孝,雖在一人,而實通於天下。必通於天下,始謂之大孝,始謂之達孝也。《甫刑》云云不過斷章取義爾。

德教加於百姓,即是愛敬以加之,而刑於四海,則四海之人蓋仰之以爲刑也。如此,然後其愛敬可通於天下。故説天子之孝,天子「立身行道,揚名於後世」,而顯父母」,蓋如此。

凡處高而易危者,必其驕矜而不知慎也;處滿而易溢者,必其縱放而不知檢也。身處在上而能持之以不驕,雖高而奚危哉?制之以節而能克謹乎侯度,雖滿而奚溢哉?高不危,則今日之貴可以長守得;滿不溢,則今日之富可以長守得。富貴自然不離其身,然後能保其社稷而和其民人,此是諸侯之孝。蓋諸侯之孝在保社稷,而又能和其民人,唯和其民人,然後能舉一國之衆無不心悦誠服。如此,其孝始可稱於一國耳。即此看來,諸侯之孝全在「居上不驕,制節謹度」上,此豈易易得哉?《詩》云:「戰戰兢兢,如臨深淵,如履薄冰。」此持危守滿之道所當日操存者。諸侯之「立身行道,揚名於後世,以顯父母」,其道蓋如此。

《書》曰:「惟衣裳在笥。」服原是人第一件事,卿大夫自有先王之法服在,非先王之法服不敢服便完了。若言行，則所關於吾身者不小，必其皆先王之法言、先王之德行，然後可，故承説「非法不言，非道不行」。若是爲言，則言必中倫，而口可無擇也；若是爲行，則行必當可，而身可無擇也。言滿天下，曾何口過之有？行滿天下，曾何怨惡之有？此三者統備於吾身，則身能行道矣，宗廟之世守其所宜也，故指説此卿大夫之孝也。卿大夫「中於事君」，故引「夙夜匪懈，以事一人」之《詩》結焉。卿大夫「立身行道，揚名於後世，以顯父母」，蓋如此。

「資於事父以事母而愛同」五句，似非孔子之言，即是孔子之言，亦當會意以講解，若曰：資於事父以事母，而愛無不同也；資於事父以事君，而敬無不同也。故母取其愛，而君取其敬，兼之者唯父焉耳。若論其至，「不敬，何以别乎」，事母之愛，必本其真敬流出；「畜君者，好君也」，事君之敬，亦本其真愛流出始佳耳。可分而言之曰「母取其愛，而君取其敬」乎？故以孝事君，則由不可解之心以流出，可以致忠；以敬事長，則由不敢慢之心以流出，可以效順。如是，其忠順不失，以事其上，是可以永保其禄位〔一〕而守其祭祀者，蓋

〔一〕「禄位」原作「社稷」，據《思進齋叢書》本改。

士之孝也。士之可以「立身行道，揚名於後世，以顯父母」，蓋如此。諸侯能保其社稷，卿大夫能守其宗廟，士能守其祭祀，始可稱孝。《中庸》云：「宗廟饗之，子孫保之。」亦此意也。

生長收藏，此是天道；高黍下稻，此是地利。用天之道，各隨其時；分地之利，各隨其産。但致謹其身、節其用度，以養父母，此便是庶人之孝。蓋庶人無可顯親揚名事，然隨時隨地持身慎用，以爲養親之謀，則亦立身行道事也，可謂之非孝乎？

故自天子至於庶人，愛有等矣，而愛無異同也；敬有等矣，而敬無異同也。無終無始，無所不盡，如此則可以及其親矣。猶患有不及，將何以及之乎？此論孝者必至此而後爲盡也。

孝原始於事親，終於立身，如是而各盡其所當行者，是始無欠缺，終亦無欠缺。故説「孝無終始」。「及」是及其親。天子不能加百姓、刑四海，諸侯不能保其社稷，卿大夫不能保其宗廟，士不能守其祭祀，庶人不能養其父母，可謂「及」乎？故無終無始無不及，是謂至孝。有謂「這五等人，若貧賤時行孝，富貴時不行；今日行孝，明日不行，這般有頭没後的人，災害不到他的身上，不曾有」，來解「孝無終始，而患不及者，未之有也」，亦可備一説。

曾子曰：甚哉，孝之大也！子曰：夫孝天之經也，地之義也，民之行也。天地之經，而民是則之。則天之明，因地之利，以順天下。是以其教不肅而成，其政不嚴而治。先王見教之可以化民也，是故先之以博愛，而民莫遺其親；陳之以德義，而民興行；先之以敬讓，而民不争；導之以禮樂，而民和睦；示之以好惡，而民知禁。《詩》云：「赫赫師尹，民具爾瞻。」

此章像曾子聞夫子之言，故贊「孝之大也」以爲更端語，故夫子説天經地義民行以告之。唯「則天之明」以下似非夫子之語，故逐句爲解，大都可通，若欲聯屬爲解，則「先之以博愛」「陳之以德義」「先之以敬讓」「導之以禮樂」「示之以好惡」，語多雜亂，如《禮記》漢儒附會之語一般，似不可强解者，故存之。

「夫孝天之經也，地之義也，民之行也」，三句甚佳。天有日月星辰昭示於上，其經也；地有山川草木陳列於下，其義也；民有秉彝至德成位乎中，其行也。因承説其經其義，總之爲經而民是則之，即法天地以爲行，所以爲民之行也。民之行而不則天地之經，可乎哉?是數語皆夫子之言,若以「三才」名章則不可。

「則天之明」以下,大都難解。朱子曰:「此節與上文不相屬,總之並宜删去。」若「《詩》云:『赫赫師尹,民具爾瞻。』」朱子亦曰:「此所引《詩》亦不親切,並宜删去。」此言似爲有理。

子曰:昔者明王之以孝治天下也,不敢遺小國之臣,而況於公、侯、伯、子、男乎?故得萬國之歡心,以事其先王。治國者,不敢侮於鰥寡,而況於士民乎?故得百姓之歡心,以事其先君。治家者,不敢失於臣妾,而況妻子乎?故得人之歡心,以事其親。夫然後生則親安之,祭則鬼享之。是以天下和平,災害不生,禍亂不作。故明王之以孝治天下也如此。《詩》云:「有覺德行,四國順之。」

「明王之以孝治天下也」,語極好。治天下本於道,道本於心,而根心者唯孝爲最大,捨孝以爲治,皆末節也。唯明王能知其本,故説「以孝治天下」。

小國之臣至微，人所易忽，而明王慎之，無寡衆、無小大無敢慢。凡小國之臣苟以禮來，必以禮接而不敢遺棄。能持此一念，而況公、侯、伯、子、男乎？故萬國莫不景仰而樂從之。得此歡心以事其先王，先王其永饗矣。此天子之孝也。若治國者，即鰥寡不敢侮，而況士民乎？故得百姓之歡心以事其先君。治家者即臣妾不敢失，而況妻子乎？故能得人之歡心以事其親。凡此者，皆明王一念之孝所推而及也。「夫然後生則親安之，祭則鬼享之。是以天下和平，災害不生，禍亂不作。故明王之以孝治天下也如此。《詩》云：『有覺德行，四國順之。』」蓋言德行莫過於孝，而四國之順，順於一孝之所推及也。

歡心最難得，而曰「得萬國之歡心」「得百姓之歡心」「得人之歡心」，是可以易得乎哉？心同此孝而以孝先之，其心之同然者，自無不得也。然其要在「不敢遺小國之臣」「不敢侮於鰥寡」「不敢失於臣妾」始，何也？孝本於敬也，敬則自然合愛矣，所以説合敬合愛，然後可以言孝。

曾子曰：敢問聖人之德，無以加於孝乎？子曰：天地之性，人爲貴。人之行，莫大於孝。孝莫大於嚴父，嚴父莫大於配天，則周公其人也。昔者郊祀后稷以配天，宗祀文王於明堂以配上帝。是以四海之内，各以其職來祭。夫聖人之德，又何以加於孝乎？故親生之膝下，以養父母日嚴。聖人因嚴以教敬，因親以教愛。聖人之教，不肅而成，其政不嚴而治，其所因者本也。父子之道，天性也，君臣之義也。父母生之，續莫大焉。君親臨之，厚莫重焉。故不愛其親而愛他人者，謂之悖德；不敬其親而敬他人者，謂之悖禮。以順則逆，民無則焉。不在於善，而皆在於凶德，雖得之，君子不貴也。君子則不然，言思可道，行思可樂，德義可尊，作事可法，容止可觀，進退可度，以臨其民。是以其民畏而愛之，則而象之。故能成其德教，而行其政令。《詩》云：「淑人君子，其儀不忒。」

此章自始至「又何以加於孝乎」是一氣語。「故親生之膝下」至「其所因者本也」，其文雖與上不接，而語意亦自可味。若「父子之道，天性也」以下，語雖似出於夫子，而義不接續。若「以順則逆」以下，皆雜取《左傳》所載季文子之言，與上文竟不相應，朱子所謂「此宜删去」者是也，故置之。

天地之生也，唯人爲貴。而人之行，莫大於孝。孝莫大於嚴父。嚴父莫大於配天，則周公其人也。蓋周公當日制爲典禮，「郊祀后稷以配天，宗祀文王於明堂，以配上帝」。所謂嚴父配天者，禮莫加於此矣。「是以四海之内，各以其職來祭」，所謂「得萬國之歡心，以事其先王」者也。聖人之德，又何加於孝乎？

故親生之膝下，一體而生，何等親愛，而以養父母，自然日加嚴敬，蓋本其無所解之心，自發之爲無敢慢之敬，此自然而然者。故聖人因嚴以教之敬，因親以教之愛，自然加於百姓，刑於四海矣。故聖人之教不肅而成、不嚴而治者，其所因者本也。所謂本者何？此心自然之愛、自然之敬也。愛、敬本於心，而我因其故道之有不油然而興起者乎？此其教不肅而成、不嚴而治也。「其所因者本也」一句極妙極妙，妙不可勝言！

父子之道本是天性至親，乃《易》曰：「家人有嚴君焉，父母之謂也。」又有君臣之義。蓋父母生我，一體而分，繼續莫大於此。而曰「君」曰「親」，臨之在上，厚重又莫過於此，是所宜日加愛敬者。不愛其親而愛他人，是謂悖德；不敬其親而敬他人，是謂悖禮。悖德悖禮，豈成得個人，豈宜容於天地之間？

「言思可道」以下，據理論亦自説得去，但與上文不相蒙，故置之。

子曰：孝子之事親也，居則致其敬，養則致其樂，病則致其憂，喪則致其哀，祭則致其嚴。五者備矣，然後能事親。事親者，居上不驕，爲下不亂，在醜不争。居上而驕則亡，爲下而亂則刑，在醜而争則兵。三者不除，雖日用三牲之養，猶爲不孝也。

「居則致其敬」，如《内則》所云「雞初鳴，咸盥漱」以下之類。「養則致其樂」，如「曾子養曾晳，問有餘，必曰有」之類。「病則致其憂」，如「文王有疾，武王不脱冠帶」之類。喪則致其哀，如「扶而起、杖而起」之類。「祭則致其嚴」，如「祭之日思其居處、思其笑語」之類。五者完備，方得盡我之孝心，方可謂之能事親。「能」字緊與上文相照應。

「居上不驕，爲下不亂，在醜不争」，是泛説事親者宜當若是。蓋驕則自取其亡，亂則自取其刑，争則自取其兵，敗身亡家、滅門致禍皆基於此。雖日用三牲之養，其誰享之？

是大不孝者，宜深以爲戒可也。

子曰：五刑之屬三千，而罪莫大於不孝。要君者無上，非聖人者無法，非孝者無親。此大亂之道也。

五刑所隸有三千之多，而罪莫大於不孝。蓋不孝則無親，無親豈成得個人？豈可容於覆載之内？蓋要君者，無上者也；非聖人者，無法者也；非孝者，無親者也。無親之刑與無上、無法等，此大亂之道也，人其可效也乎哉？

子曰：教民親愛，莫善於孝。教民禮順，莫善於悌。移風易俗，莫善於樂。安上治民，莫善於禮。禮者，敬而已矣。故敬其父，則子悦；敬其兄，則弟悦；敬其君，則臣悦；敬一人，而千萬人悦。所敬者寡，而所悦者衆，此之謂要道也。

親則加愛，而愛莫切於事親，故教民親愛則莫善於孝；禮則致順，而順莫先於從兄，故教民禮順則莫善於悌。樂宣八風之和,而潛啓其俗尚,故移風易俗則莫善於樂。禮辨上下之分,而可一乎民志,故安上治民則莫善於禮。然所謂禮者,非僅僅節文之謂也,一「敬」焉而已矣。故敬其父則子悦,而可以得子之歡心;敬其兄則弟悦,而可以得弟之歡心;敬其君則臣悦,而可以得臣之歡心;敬一人而千萬人悦,而可以得萬國之歡心。「所敬者寡,而所悦者衆,此之謂要道也」,而樂可知矣,況於孝弟乎?

此章從孝弟説起,而及禮樂,隨以禮之敬發明其爲要道,要見合愛合敬,自是人心之同然。故即敬之一節可得萬國之歡心,其在於愛可知矣,而樂斯二者又可知矣。是一意直下語識得。

此要道是就禮之一節見其爲至要者耳,非明前之要道也。章名「廣要道」,大非大誤。

子曰:君子之教以孝也,非家至而日見之也。教以孝,所以敬天下之爲人父者也;教以悌,所以敬天下之爲人兄者也;教以臣,所以敬天下之爲人君者也。《詩》云:「愷悌君子,民之父母。」非至德，其孰能順民如此其大者乎！

「非家至而日見之」，謂非家爲至而日見之於教誨也。「教以孝，所以敬天下之爲人父者也」六句，亦只以敬言，蓋教以孝、教以悌、教以臣，却何等簡約以啓人之良心，而天下之爲人父、天下之爲人兄、天下之爲人君胥從此以致敬焉。是之謂合敬，合敬乃可言孝。

引《詩》「愷悌君子」二句與上文不相蒙。「非至德，其孰能順民如此其大者乎」，不知說甚麽。說者乃因「至德」二字曰「廣至德」以名章，大非大誤。

子曰：君子之事親孝，故忠可移於君。事兄悌，故順可移於長。居家理，故治可移於官。是以行成於内，而名立於後世矣。

此章語極粹，是孔子之言。

忠孝一理，事親孝，有不能事君者乎？故移孝可以作忠。事兄悌，有不能事長者乎？故移悌可以作順。居家理，有不能居官者乎？故移理可以作治。是故行成於内，自然名立於後世不待言者。所謂「立身行道，揚名於後世」者蓋如此。若名此章曰「廣揚名」，則非矣。

曾子曰：若夫慈愛恭敬、安親揚名，則聞命矣。敢問子從父之令，可謂孝乎？子曰：是何言歟？是何言歟？昔者天子有争臣七人，雖無道，不失其天下；諸侯有争臣五人，雖無道，不失其國；大夫有争臣三人，雖無道，不失其家；士有争友，則身不離於令名；父有争子，則身不陷於不義。故當不義，則子不可以不争於父；臣不可以不争於君。故當不義則争之。從父之令，又焉得爲孝乎？

此章語意極佳，是孔子之言。

曾子因慈愛恭敬之説問子從父之令，語意亦是。但父母小小過差，人子可以委曲者從之亦是。而曰令，則有治有亂，如何可以從得？故夫子再説「是何言歟」，因以争臣、争友明父之有争子，决當如臣之争於君者，始爲得之。若當不義，而一以恭順承之，曰「事親有隱而無犯」，則過矣，又焉得爲孝乎？此是正論。

「天子有争臣七人，雖無道，不失其天下；諸侯有争臣五人，雖無道，不失其國；大夫有争臣三人，雖無道，不失其家；士有争友，則身不離於令名」，若是乎其争之有益於人也，父可無争子乎？故父母有過，如《内則》所云「下氣怡色，柔聲以諫。諫若不入，起敬起孝，悦則復諫」，如《曲禮》所云「三諫而不聽，則號泣而隨之」，則身不陷於不義。故當其不義，則子不可不争於父，如臣之不可不争於君，始爲得之。若一於從父之令，又焉得爲孝子乎？此論極爲的確，可以教天下之爲人子者，可以警天下之爲人父者。

子曰：昔者明王事父孝，故事天明；事母孝，故事地察；長幼順，故上下治。天地明察，神明彰矣。故雖天子，必有尊也，言有父也；必有先也，言有兄也；宗廟致敬，不忘親也；修身慎行，恐辱先也。宗廟致敬，鬼神著矣。孝悌之至，通於神明，光於四海，無所不通。《詩》云：「自西自東，自南自北，無思不服。」

此章如「宗廟致敬,不忘親也;修身慎行,恐辱先也。宗廟致敬,鬼神著矣。孝悌之至,通於神明,光於四海,無所不通」,是孔子之言,其餘論來亦各有理,然意不聯貫,語多湊合,似非孔子之言。

王者,父母天地。「事父孝,故事天明;事母孝,故事地察」,此「明察」二字若解作「明於事天之道,察於事地之理」亦得,然終屬枝梧。

「天地明察,神明彰矣」,解作「神明之功彰見,而陰陽和、風雨時」亦得,然未爲的確。

「故雖天子,必有尊也,言有父也;必有先也,言有兄也」,於上下文不相蒙。

「宗廟致敬,不忘親也;修身慎行,恐辱先也」,此四句語極粹。「宗廟致敬,鬼神著矣」,言鬼神來格來享,極説得明。

「孝悌之至,通於神明,光於四海,無所不通」,此言極佳。蓋人能極孝極悌,自然通極於神明無所不昭徹,而光於四海無所不流貫。此是實實的至理,論孝論悌者必至此而後爲極乎。

子曰:君子之事君也,進思盡忠,退思補過,將順其美,匡救其惡，故上下能相親也。《詩》云：「心乎愛矣，遐不謂矣。中心藏之，何日忘之？」

進思盡己之忠，則凡所以事君者無所不至；退思補己之過，則凡所以成身者無所不爲。將順其美，而唯恐其美之不彰；匡救其惡，而唯恐其惡之或播。此是事君一大段道理，所以上下能相親也。君不能捨其臣，臣不忍捨其君，所謂移孝爲忠者蓋如此，所謂中於事君者蓋如此。引《詩》言臣之心但知愛君而不敢忘，故能若此其爲事也，亦爲得之。

子曰：孝子之喪親也，哭不偯，禮無容，言不文，服美不安，聞樂不樂，食旨不甘，此哀慼之情也。三日而食，教民無以死傷生，毀不滅性，此聖人之教也。喪不過三年，示民有節也。爲之棺槨、衣衾而舉之；陳其簠簋而哀慼之；擗踊哭泣，哀以送之；卜其宅兆，而安厝之；爲之宗廟，以鬼享之；春秋祭祀，以時思之。生事愛敬，死事哀慼，生民之本盡矣，死生之義備矣，孝子之事親終矣。

孝子臨父母終時，不知若何爲情。其哭也何暇爲偯；其禮也何暇爲容；其言也何暇爲文；其服美也，自然不安於心；其聞樂也，自然不樂於心；其食旨也，自然不甘於心。此是哀慼之至情，所謂真心發見，不待矯强者也。「三日而食，教民無以死傷生，毁不滅性」，此聖人所立之教。「喪不過三年，示民有節」，所以節其不忍心之至情，以歸於中道者也。然棺槨、衣衾必爲之料理而舉之，簠簋必爲之陳設而哀慼之，擗踊哭泣必爲之哀以送之，宅兆必爲之卜而安厝之，宗廟必親至其所以鬼享之，春秋祭祀必教以時思之。如是，則其生事乎親者必致其愛，必致其敬；死事乎親也必致其哀，必致其慼。生民之本盡於此，死生之義備於此矣，孝子之事親也，斯其爲可終乎此。在人，一日有父母在，不可一日不存諸心；一日當父母殁，不可一日能忘諸心者，是爲至孝。故夫子《孝經》一書必以此終焉，其意亦深切矣哉。

丙申仲冬曾孫男淳起校補

附《孝經疑問》四庫提要

孝經疑問一卷　浙江巡撫採進本

明姚舜牧撰。舜牧有《易經疑問》，已著録。是書以《孝經》語意聯貫，不應分章，尤不宜立章名。如首章之「開宗明義」，七章之「三才」，十七章之「事君」，無所取義，因悉爲删去。其所詮釋，則皆老生常談也。又謂經文多出漢儒附會，如「則天之經」「因地之利」「以順天下」等語，似類漢儒之言。「父子之道天性也」以下義不接續，並宜删去。又病其各章皆引《詩》《書》爲結，與《韓詩外傳》《天禄閣外史》相類。夫《孝經》今文古文雖至今聚訟，然自漢以來即分章，無合爲一篇者也。其字句異同，雖以朱子之學，因古文而作《刊誤》，終不能厭儒者之心也。舜牧何人，乃更變亂古籍乎？況惟聖人乃知聖人，舜牧何所依據，而能一一分別此爲孔子之語，此非孔子之語，若親見聖人之原本乎？

孝經釋疑

【明】孫本撰
徐瑞點校

點校説明

《孝經釋疑》一卷，明孫本撰。本，字立甫，明代錢塘（今屬浙江杭州）人。嘉靖二十五年（一五四六）順天府舉人，官深州（今屬河北衡水）知州。事跡見《兩浙名賢録》卷四二。另著有《古文孝經説》《孝經解意》。

《孝經釋疑》以一疑一釋的問答體闡述其説，有「今文古文之辯」「古文流傳本末」等凡十八條。孫氏以古、今文稍異者爲劉向所爲，而談經當以古文爲正，故所論今、古文章第叙次、文字增減之别亦以古文爲是，反對朱熹《孝經刊誤》删削及離析經、傳之論。

是書《經義考》著録。有《孝經總類》本、《孝經大全》十二集及十集本。本次整理，以《孝經總類》本爲底本，以《孝經大全》十集本爲校本。

孝經釋疑

今文古文之辯

或疑：今文古文之辯孰爲正？釋曰：古文正矣。顔芝隸書，今文也。芝尊信是經，乘秦未燔書，授子貞秘藏之，欲以垂憲萬世，豈容參以己意筆削其間哉？若孔鮒乃孔門子孫，以先世蝌蚪書藏於壁，亦豈敢更竄一字？是二書之必相同，審矣！今文最早出，古文諸書至魯共王壞宅得之。孔安國以所聞伏生《書》二十九篇考論文義，惟《酒誥》脱簡一，《召誥》脱簡二，每簡下闕一字，鑿鑿可證。而《孝經》惟一篇，安國以今文讀之，並無所謂錯簡闕文也。因隸書竹簡，送留書府，且承詔作傳。昭帝時，魯三老獻古文，劉向典校經籍，亦以顔本比對，未免稍加修飾，故有「除其煩惑」之語。然則古今文稍異者，乃劉向爲之也。自是劉本盛行於世，而安國傳會巫蠱事起，伏而未發。至梁代，安國及鄭玄二家始並立國學，後文德殿書爲周師所焚，是經不免俱燬。隋王逸訪得古本，劉炫作《稽疑》明之，朝廷遂著令，與鄭氏並立。未幾，唐開元中詔議孔、鄭二家孰從，則古今文之並傳於世舊矣。迨宋仁宗朝，隸古竹簡猶存秘閣。以是朱子校定，悉依古文。而司馬温公爲作《指解》上於朝，且謂世俗信僞疑真。二公之見確矣，故談經者當以古文爲正。

古文流傳本末

或疑：古文正矣，而世儒往往疑之，謂其曠代亡逸，後人穿鑿傅會，而《閨門》一章乃劉炫僞造。不知古文傳流本末，亦有可據歟？釋曰：此唐司馬貞欲削《閨門章》爲國諱，不得不以古文爲僞，故駕是説以欺壓同議，使漫無可考，得以恣其誕爾。《閨門章》漢初長孫傳今文即有之，此載《隋志》。魯三老進古文，劉向亦以顔本考定，雖云「除其繁惑」，然《志》謂經文大較相同，則《閨門章》未嘗削矣，豈後人所僞造耶？蓋古文之出孔壁也，孔安國既以送官，且承詔作傳，會巫蠱未上，乃隸書竹簡，名「隸古定」，《書叙》謂「傳之子孫，以貽後代」。是時，安國之門有都尉朝傳其業，朝授膠東庸生，第第相承，以及太保鄭冲授蘇愉，愉授梁柳，柳之内兄皇甫謐又從柳得之，而柳又以授臧曹，曹授豫章内史梅賾，賾乃於前晉奏上其書而施行焉。傳至於梁，孔傳大顯，與鄭注同立國學。蓋梁武敦悦詩書，文德殿經籍至七萬餘卷，諸學皆立。自是古文盛行，而兼本之流播四方者亦多矣。侯景之亂，蕭繹收文德殿書悉送江陵，而周師入郢，多所焚蕩。故謂孔傳亡於梁。未幾，隋王逸得古本於京師陳人家，傳示劉炫。炫雖曾造僞書，此則原本也。故桓譚謂其經文凡千八百七字，異今文僅二十餘字；吴文定公亦謂隋時所得古文與今文，增減異同率不過一二字，則古文非炫所造又明矣。况今文乃劉向所校者，固當與顏本不異也。炫但作《稽疑》明之，漸聞朝廷，遂著令與鄭氏並立，不知其所穿鑿傅會者果何字何句也？又未幾，而玄宗欲行孔廢鄭，乃詔諸儒集議二家孰從。劉子玄等主古文，争之不力，卒行今文，從貞議也。然猶詔孔注並存。此可見古文果何代亡逸邪。五代之季，孔鄭二注皆亡，而經則未嘗亡也。統而論之，朝廷之典籍聚於禁中及外臺者，未嘗不散失於黷武之際，而藏於深山邃谷、學士大夫家者，又曷嘗不盛集於右文之時？如牛弘所叙五厄是已。迨宋司馬温公知祕閣，謂《孝經》二十七家惟明皇、鄭氏與隸古尚存，是聖人之遺經，秦不能燬於火，魯不能壞於壁，漢不能散於巫蠱，六朝不能厄於兵革，而唐乃殘缺於殿廷之議，司馬貞之罪可勝言哉？至宋王安石從而擯棄之，其罪又浮於貞矣！幸而孔壁之全文至今存也。

論章第叙次之不同

或疑：諸家章第叙次之不同，何也？釋曰：是皆起於傳釋之故也。方夫子口授曾子，曷嘗以某章釋某句，某句釋某字哉？後儒欲便教習，故分章第，或十八章，或二十二章，而聖言未嘗分裂，固未害也。但以前爲經，後皆悉輯平日之言爲傳以釋之，則夫子千數百言，不知平日從何人發之，而他書略無所紀録也？若果雜引記傳乃其平日之言，則「甚哉，孝之大也」，曾子何所聞而發此嘆也？「聖人之德，無以加於孝乎」，曾子又何所聞而發此問也？「若夫慈愛恭敬、安親揚名，參聞命矣」，曾子所聞者云何？而夫子所命者又云何也？其出於一時問答審矣，何傳釋之有？至於章第之先後，古文既與今文俱同，則當從其序次矣。今謂以傳釋經，則傳必因經之次第。故傳之首章有以「君子之教以孝也」爲釋「至德」「以順天下」者，其起句既無因而發；又有以「明王事父孝」爲首章，以釋「先王有至德要道」者，謂「明王」字與「先王」相協也。此後有以「明王以孝治天下」爲釋「以順天下，民用和睦，上下無怨」者，有以「甚哉，孝之大也」爲釋「以順天下」者，又有以爲釋「教之所由生」者。即篇首數語，已紛紜若此。其諸名家互相矛盾，遂致破析其章第，離合其段落。甚者，摘其一二句移於別句之下，抽其一段厠於他章之中。愚謂劉向諸儒校定之時，豈章章有斷韋錯簡至此乎？其他難以枚舉，不足深辯也。獨今文以「明王事父孝」一章移次《諫諍章》之後，此必後儒見此章論孝之極致，宜置篇末；而《喪親章》後又有「孝子之事親終矣」爲結語，故置於《喪親章》之前。殊不知夫子之言未盡，而曾子何遽以爲聞命，更以「從令」爲請也？應列《廣至德》後以推孝治之極無疑矣。後又有《廣揚名》一章，非「廣揚名」也。因上章明王而及士之孝也，若以此章爲「廣揚名」，則揚名專屬士，而天子、諸侯、卿大夫皆不足以揚名乎？蓋孝乃徹上徹下之道，但位有尊卑，故功用有大小，然推之而各有所通也。故章首六句皆相對，而「行成」「名立」，亦應「通神明」「光四海」之意。是以《閨門》一節不容隔礙於「明王」「君子」二章之間，乃綴於後，以補其意，謂因三「可移」而言是已。然則章第之先後，確乎不可易矣。昔朱子《刊誤》首合七節爲一章，謂：「疑所謂《孝經》者止此。其下則或者雜引傳記以釋經文，乃《孝經》之傳。」夫曰「疑」曰「或」，非敢斷以爲是，而又悉數所疑質於同志，以免鑿空妄言之罪。説者謂非定筆，故原本止於章下注云此一節當爲某章，仍留古文舊編，未嘗移易一字。今傳本「右經一章」「右傳之首章」，乃後人因朱子之疑而輒更置之，何其敢於侮聖言哉！愚嘗譯思朱子之意，謂言孝必切於事親，專以論學，而夫子則推以論治也。此諸疑所以生，而經傳所以分也。經傳一分，世儒遂紛紜其説，而聖經自是裂矣。故談經者惟當去其傳釋，而叙次一以古文爲當。

辯今古文增減字義

或疑：今古文所增減字義，其得失之故可一一指言之歟？釋曰：古文以孔氏之經出孔氏之壁，如之何可增減也？愚考今文首章「仲尼居」無「閒」字，「曾子侍」無「坐」字，「子曰」下無「參」字，「自天子至於庶人」無「已下」字。夫「居」不能兼「閒」義，「侍」不能兼「坐」義。若除此二字，則夫子坐、曾子立矣，何能從容論議至千八百餘言以盡孝之藴邪？呼曾子之名而告之，正謂以《孝經》屬參也。「自天子至於庶人」與他書不同。他書皆是泛言，此則有「已下」二字，正指前所謂諸侯、卿大夫、士，非泛言也。後章「各以其職來祭」無「助」字。言「助祭」者，别於主祭也。《諫争章》去「言之不通也」五字，蓋曾子平日惟以從令爲孝，死且不避，設父令有不善而一於從，其害可勝言哉？故夫子既重言「是何言與」，又曰「言之不通也」，蓋甚言其不然，以深警之爾。凡此皆不可去者也。至今文所更易者，

《三才章》「因地之義」，更「義」爲「利」。竊謂首章「分地之利」，庶人之事也；今聖人法天地以立政教，則所取於資始資生之道廣矣，故不言利而言義也。況上言「天經地義」，下言「天地之經」不言「義」，「因地之義」不言「經」，又互文也，其當爲「義」字明矣。其餘以「在上不驕」爲「居上」，以「爵禄」爲「禄位」，以「因地之利」爲「分地」，以「不敢失於臣妾」爲「不敢侮」，「言斯」「行斯」俱作「思」，「參聞命矣」「參」作「則」，「弗争於父」「弗争於君」，「弗」作「不」，此亦其所更者也。「其無以加於孝乎」去「其」字，「君子所不貴」去「所」字，「三者不除」上去「此」字，「焉得爲孝乎」上去「又」字，此亦其所去者也。是皆無害於義者也。至其所增者，則《聖治章》增「而」字一，「其」字一，《事君章》增「之」字一，《諫争章》增「父」字一，而各章增「也」字二十有五。説者遂謂今文條暢，古文突兀。然今文雖覺條暢，即不類孔曾口授時語氣矣。曾子誠篤之極，故與門人詳察而謹録之，何敢妄加文飾邪？《閨門》一章由周秦而下傳漢至唐，列爲二十二章如故也。開元間，博士司馬貞爲國家諱，始黜之。然古本之流傳於世者，猶如故也。於是宋大儒温公、文公深加篤信，一爲「指解」，一爲「校定」，悉依古文，而邢昺輩疏説皆同聲指爲近儒僞作。然則二公之見反出貞、昺下哉？古文字義其不可加損審矣！

述引經意義

或疑：引《詩》非《詩》本文，亦不親切，且使文意斷隔，故悉删去，而僅存引《詩》者四，不知其他果皆後人所增加者歟？釋曰：夫子嘗言「無徵不信」。如《表記》《坊記》，節節皆引經語爲證，蓋立言者法也。觀古《詩》《書》注、疏，往往各自爲説。而古人所引，多屬斷章取義，何可一切以本文律之？是經引《書》者一，引《詩》者十，乃夫子作經宗旨，皆爲治道設也。如論「孝之始終」而引《詩》曰「無念爾祖，聿修厥德」，蓋言孝在修德，當以立身行道爲重，不徒沾沾於身體髮膚間也。論「天子之孝」而引《書》曰「一人有慶，兆民賴之」，可見孝感之機係於天子，非諸侯以下者同也。諸如此類，皆有奥義，豈徒親切已哉？至「諸侯之孝」謂「戰戰兢兢」云者，蓋諸侯思社稷、民人之重，故不敢驕溢敗度，而後能長守其富貴也。卿大夫謂「夙夜匪懈，以事一人」者，蓋既出而事君，則致謹於言行而無時敢忘君也。士之「夙興夜寐，無忝所生」者，言能盡愛敬以事親，而可以爲事君之資也。此皆自立身行道而推言之也。獨引《節南山》之詩，與先王不相應，然王者惟推行愛敬於上，而德義、禮樂、好惡之類，所賴以敷陳、宣導於民者，公卿也，非天子所當自爲也，故曰「赫赫師尹，民具爾瞻」。皇侃乃以爲無先王在上之詩，故斷章引太師之什。愚謂「矢其文德，洽此四國」何不可引？然豈能如「師尹具瞻」之詩足以發公卿奉宣德教之意哉？聖言精妙，未可輕議也。若「不愛其親」下所謂「淑人君子，其儀不忒」，此在臨民之際，舉其愛敬之刑於言貌動止者言之，於治爲切。而下文「正是四國」雖有協於畏愛則象之義，然「四國」字恐於天子有嫌，故夫子不引及也，故曰申諸侯、卿大夫之孝也。凡此皆可謂極親切矣，而亦與本文未嘗背也。其四詩既存而不削，無庸議矣。然四詩豈獨爲夫子所引，而其餘皆後人所增加者乎？況《詩》《書》之文，皆繫於逐節之末，其文意豈緣此而遂間隔邪？《庶人》獨不引經者，以其無疑，故不必徵也。此經相傳千五百年，今何所據而遽削之也？不容無辯。

引《左傳》解

或疑：《經》中引「天之經」以下七句，并「以順則逆」以下十八句，後「進思盡忠」等語，皆《左傳》所載，而「德義」「敬讓」以下亦裂取他書之成文，其信然乎？釋曰：聖人吐辭爲經，六經、《論語》諸書何嘗蹈襲一語？今著《孝經》而乃直述陳言，以垂後世，必不然矣。今古文初出，竝經劉向諸儒校定，即有此語，當是何代、何人竄入之也？且「天經地義」等語非聖人不能道，其餘盡是格言，豈皆出於子産、季文子及士貞子之口？特以丘明作《傳》時《孝經》猶未行，乃採夫子之言以粧綴其文爾，韓昌黎謂「左氏浮誇」，正此類也。況「天經地義」章先王因天地以立教而博愛、德義、敬讓、禮樂、好惡云者，乃其經綸天下之具也；「父子之道」章所謂言行、德義、作止、進退云者，亦諸侯、卿大夫經綸國家之具，皆不可缺也。故夫子詳著於篇，而治道始備。

論「博愛」等語不當删

或疑：「先王見教之可以化民」與上文不屬，與下文「德義」「敬讓」等語不相應，後章「以順則逆」以下亦與上文不相應，於是悉皆削去，而諸家復多有存者，孰爲當歟？釋曰：夫子以孝爲治，必推其原於天、具於人，而因以施於德教，此蓋其用世之具，而欲爲東周者此也。故曾子問孝之大，夫子必先言孝乃天之經、地之義，原於天也；民是則之，具於人也；愛敬、德義、禮樂、好惡云者，施於德教也。此治道所以備也。「先王見教之可以化民」，正承上「其教不嚴而成」之「教」字，何爲不相屬也？曾子又問「聖德無加於孝」，夫子亦必先言「天地之性人爲貴」，原於天也；「親生膝下，以養父母日嚴」，具於人也；而教敬、教愛，施於德教也。後章「父子之道，天性」，原於天也；不愛敬其親謂之悖德、悖禮，具於人也；言行、作止、進退云者，施於德教也。又何與上不相應也？且不愛敬其親而愛敬他人者，謂之悖德、悖禮，但以見親之當愛敬耳，則君子當作爲如何？文義不宜自此而斷也。而今若將「以順則逆」以下并前章「博愛」「禮樂」等語盡削去之，則夫子何以爲經世之具乎？合而觀之，全經之旨，無不通貫融徹，而片言隻字烏可輕議其得失乎？

《孝治章》解

或疑：「明王以孝治天下」章，説者謂釋「民用和睦，上下無怨」，而亦非經文正意，前以孝而和，此以和而孝也。又有謂申五等之孝者近之，而亦與經文不相應。其義安在？

釋曰：此非申五等之孝，乃申天子之孝也。夫子欲以孝治天下，而有天下者，天子也。故篇首先陳天子之孝自愛敬始，此章亦自愛敬始。蓋明王愛敬其親，故不惡慢於人，而小國之臣亦不敢遺。不遺者，愛也；不敢遺者，敬也。於是德教加於百姓，而因以刑四海矣。

豈不有以得萬國之懽心乎?合前後觀之,何嘗有一字不相應也?使不相應,則先王之治天下有二道矣!諸侯之不敢侮鰥寡,即「在上不驕」「制節謹度」之心也,其餘義亦相貫。然所重不在於此。此但欲明感化之機繫於天子,故明王以愛敬倡率於上,則諸侯以下皆興於愛敬而同歸於治矣。故總結云:「明王以孝治天下如此。」觀所引《詩》曰:「有覺德行,四國順之。」此與諸侯、卿大夫何與哉?故曰申天子之孝也。夫以愛敬而得天下之懽心,正以孝而和也,安得非經文之正意乎。

嚴父配天辯

或疑:説者論「嚴父配天」而謂孝所以爲大本,自有親切處,且使人有今將之心。《廣要道》與經自已而推之者不同,《廣至德》語意亦疏,豈以聖言而亦有可議與?釋曰:聖言何可議也?謂之疎與不切者,但泥孝爲事親之事爾,不知孝固統於事親,而推以事君、立身,不可以一端盡也。論孝之極,必當盡孝之量。今載籍中論大孝之親切者,莫如《孟子》「孝子之至莫大乎尊親,尊親之至莫大乎以天下養」,然此亦凡爲天子者皆可能也。更有宗祀文王如周公者，乃爲尊養之極：配上帝者，尊之至也；四海來祭者，養之至也。孝之分量所及至於如此，而非有加於孝之外也。夫子以此明聖德無加於孝，至親切矣，然豈欲人之行孝必如此哉？周公亦會逢其適而已。至夫子之廣至德、要道，皆君子躬行孝弟臣之道以教民，何嘗不自己推之，而天下之爲子弟臣者皆感而化焉？誠可謂德之至、道之要矣，又何云疎也？

舜、禹、周公郊祀議

或疑：古聖人之孝者多矣，何以獨稱周公？釋曰：孝莫大於尊親，尊親至配天而極。然周不能舍稷而郊文王，無容議矣。周公既會逢其適，而不能尊親之極，何以慊於其心？於是設明堂之祀，而以文王配帝，此所以獨隆於群聖也。或又疑：周公可以宗祀文王，則舜何以不郊瞽瞍？曰：人享一方之祭，尚必有功德於民，方入祀典。瞍曰頑行，何以配天？曰：然則禹何以得郊鯀？曰：有説矣。鯀以崇伯事帝，才亦爲衆所推。方堯欲禪舜，鯀與共、驩非之，故謂其「方命圮族」。「方命」者，方禪舜之命也，「圮族」亦言其非舜也。於是殛之羽山，三年而死。《楚辭》云：「鯀悻直以亡。」蘇文忠公云：「鯀蓋剛而犯上者，若小人也，安能以變四夷？」故史言鯀以誹禪竄逐，非因治水無功也。若論洪水之患，豈可以剋期治哉？觀禹治水七年矣，傷功未就，愁然沉思。於是河精授圖，獲五符，受玉簡，周行天下，殆居外三十年，而始告厥成功，奈何以九載責之鯀邪？愚竊意鯀九年之間，其施爲措注亦必有緒，故舜命禹曰：「汝平水土，嗣考之勛。」《祭法》曰：「禹能修鯀之功。」然則鯀亦不可謂無功矣。方禹追王之日，必以地平天成之績悉歸於鯀，故《書》稱禹克蓋前人之愆。於是配鯀於郊，而天下後世無得而議，夫子亦喟然嘆曰：「禹，吾無間然矣！」以父配天自禹始。曰：然則夫子何以不稱禹而稱周公？曰：禹，天子也，其郊鯀也固宜。周公，臣也，既郊稷矣，安能復尊文王？故宗祀明堂者，周公之特制也。爲人臣而能嚴父配天，惟周公一人而已，故曰「周公其人也」。

釋《廣要道》《至德》之旨

或疑：《廣要道》乃及於禮樂，《廣至德》乃先於教孝，請聞其說。釋曰：昔孟子論孝弟，而以節文斯二者爲禮，樂斯二者爲樂，是禮樂所以行乎孝弟；而弟又孝中之事，天下之道統於孝矣。然施於教民，則非孝弟、禮樂不備也。四者固各有所屬，孝弟屬愛敬，樂屬愛，禮屬敬，而愛敬本不相離，其實一也。凡舉其一，而三者在其中矣。故夫子欲明要道，而姑以禮言之。禮者，敬而已。「敬者寡而悦者衆」，固可謂「要道」。然所謂「至德」者，亦即於要道見之，故承上文「教民親愛，莫善於孝」而言君子之所以教民孝如此者，非家至日見之也。前所謂自敬其君、父、兄，所以教天下之爲子、弟、臣者，是即天子敬天下之君、父、兄矣。其爲至德何如也？論篇首言「先王有至德要道」，當先釋至德，而要道次之。然夫子重於論治，故即要道以明至德也。

《感應章》解

或疑：「明王事父孝」一章，諸説紛紜不同，何也？釋曰：明王事父母孝，不當專屬廟祭。弟者，孝之推，不當與孝對言。説者以前四段分孝第，而謂天子必有父有兄，爲諸父諸兄。縱是諸父亦當屬孝，乃以爲申弟之義。又移「天地明察」二句於「鬼神著矣」之下，脱簡不應至是也。又以「通神明」應「天地明察」，「光四海」應「上下治」，是「光四海」只屬弟而無與於孝矣。此太分屬之過也。大抵此章推言孝道之極，重在無所不通，前段明王之孝通於天地，後段天子之孝通於鬼神，既可以通天地鬼神，而況於人乎？故曰：「通神明，光四海，無所不通。」此可以明孝之極致，而非天子不能致也，故曰此申天子之孝之極也。聖人詞旨簡明如此，而何爲紛紜其説乎？

《閨門章》解

或疑：《閨門》一章，説者以爲凡鄙淺陋，且徒役犯姦不當以比妻妾，故司馬貞黜之，無乃可缺乎？釋曰：何可缺也？此蓋因「治可移於官」而釋之也。篇首論士之孝，言「以孝事君則忠，以敬事長則順」，而此節又言「忠移於君，順移於長」，則君、長二字不必指言矣。若居家理，則治可移於官，所謂家、所謂官者，何所指也？不釋則不明矣。故曰：「妻子臣妾，猶百姓徒役也。」妻子對百姓言，臣妾對徒役言。所謂「徒役」，如《詩》云「公徒」，《易》云「師徒」，百姓之役於官者，非犯姦者也。使果凡鄙淺陋不類聖言，則朱子何於他章皆無注，而此章特爲釋之，且云因上文言「可移」而言？確乎有定論矣。歷漢至唐，何待司馬貞而黜之？

群疑總釋

或疑：古文既著解意，而諸章亦略爲辯析矣，何群疑猶嚚然未盡釋也？如謂蝌蚪製自高陽，世鮮傳者，而孔安國何獨能知之？故劉向疑即安國所爲，故《尚書》不記於《別録》，《論語》則不使名家也。釋曰：壁經之事自古傳之，安國敢誣共王以欺武帝哉？且蝌蚪諸經，同出安國，特因伏生《尚書》、顏芝《孝經》定其可知者此爾，餘皆錯亂摩滅，安國亦何嘗自謂能知也？向之不爲奏立者，乃孔衍以爲時所未施故也。是時孔傳未出，杜征南以前記傳所引，向悉指爲逸書。而是經則以顏本定爲十八章矣，烏得自相矛盾耶？然則向亦非以僞造疑安國也。

或疑：安國既不爲蝌蚪，孔鮒冒禁而藏書，又豈暇倩人爲蝌蚪哉？然則果孰爲而孰藏之也？司馬温公以爲始皇禁書距漢興纔七年，孔氏子孫豈無知者，必待共王然後出？蓋始藏之時，去聖未遠，意孔門先世爲之，非孔鮒之避秦禁也。釋曰：秦以前無禁書令，何故藏之？藏之者，孔鮒也。而書則先世所貽也。蓋孔子所得《虞》《夏》《商書》必皆蝌蚪，周雖變籀，而春秋時亦有能爲古文者，故孔子續以蝌蚪書之，然後告備於天而存之以貽後世。故孔鮒倉卒之際，而即以壁藏之也。漢雖接秦，然高惠時公卿皆武臣，文景又好刑名，孔氏子孫即出此，何爲也？迨出壁時，武帝已詔安國作傳，而巫蠱事起矣。及陳農購書，則安國與魯三老先以獻於武昭之朝，故劉歆謂「古文舊書，多者二十餘通，藏於秘府」，「内外相應，豈苟而已」。夫惟中秘藏有舊《書》，故張霸僞造百兩篇，朝廷以中書驗其非是，輒爲斥去。而且云「内外相應」，可見古文不惟藏於中秘，而太常、太史亦存矣，奚俟陳農之購也？第武、成、哀帝皆許立之，或會向卒而止，或會帝崩而止，此是經所以晚出也。

或疑：温公又謂其書甚真，與他國轉相傳授者不侔，説者因誚公見新羅、日本之别叙而近忘京兆之石臺也。釋曰：公知秘閣，親見明皇與鄭氏、隸古三家，豈不知京兆有石臺耶？其他國傳授云者，公意正指石臺，非别叙也。蓋梁書爲周師而焚，魏大收書，但獲今文，遂譯以夷言，名《國語孝經》。冀〔一〕開元集議，雖舉六家異同，而玄宗惟好今文，有不從

〔一〕「冀」疑當作「暨」。

今文者，謂之野書。然則石臺所注，即國語今文也，非他國轉相傳授者耶？故公信僞疑真之説，良有以也。

或疑：古文出壁遂亡，故劉向、劉歆、楊雄、班固、馬融、杜預之徒皆不見真古文，惟王肅始似竊見，亦未必真也。釋曰：世未嘗無真古文，但世儒不見真今文爾，此紛紜之議所由起也。夫顔芝今文以恬筆斯隸漆書於帛，非有斷韋錯簡，乃孔曾全經也。文景帝置博士，且令衛士通習矣。逮昭帝時，魯三老復獻古文，而成帝命劉向典校經籍。設果古文與今文稍異，直當斥爲僞書，仍行今文而已。而乃互相比對，既不必增其助語，又何爲而除〔一〕其煩惑哉？然既經劉向校定，則世所傳者乃劉向之今文，而非顔芝之今文。司馬貞削《閨門章》而更其叙次，則石臺所刻，又非劉向今文矣。世所傳《今文直解》，即石臺本也。是後名專門者數十百家，分裂尤甚，又去石臺今文遠矣。世安得有真今文也？殊不知所謂真今文者，即今之古文是也。蓋自是經出壁之後，安國、衛宏作傳，而都尉朝相傳至於東晉梅頤，歷梁唐迄宋，復更文公、温公、蜀公皆爲校定，並未嘗差殊一字，而世儒反以爲

〔一〕「除」原作「際」，今據《漢書》改。

僞，豈不惑哉？《漢志》謂古文字畫皆異，所異者字畫爾，謂經文則皆同也。今文、古文果孰僞而孰真乎？

或疑：隋購書一卷給絹一疋，人因謂王逸嗜利，遂出京本，轉致王劭、劉炫，相與爲僞，無乃其故智乎？釋曰：《孝經》僅一篇爾，而三人乃共爲此？然炫作《稽疑》，漸聞朝廷，又未嘗蒙一絹之賞也。今觀桓譚《新論》云古文千〔一〕八百七十二字，與今文異者四百餘字，炫本止千八百七字，異今文僅二十餘字。若果三人僞造，亦必恣爲謬論，如《連山易》《魯史記》之類，動輒數十百卷，奚止異二十餘字而已？然則異二十餘字者，即古文也；其異四百餘字者，或云張霸僞《書》，殆近之矣。

或疑：朱子謂《論語》説孝親切，與此不同。今觀夫子答問孝者多矣，何無一言及是經也？釋曰：知《論語》説孝，則知夫子作經之旨矣。武伯、懿子之徒姑無論，即如游、夏既非王佐之才，又無王佐之任，故夫子各就其所能者諭之，皆事親始事也。若是經，則治世之具，所以「通神明，光四海」，而豈二三弟子所能與哉？夫子道不行，而乃著此，爲後世君

〔一〕「千」字原闕，今據《新論》補。

臣告也。此《論語》之論孝於事親爲切，而是經則於事君立身爲尤切，其指意殊也。凡此皆因疑之所及者明之，其有未及疑者，推此亦可通矣。宋濂溪先生曰：「古今文特詞語微有不同，文義無遠。諸儒於經之大旨，未見有所發揮，而獨斷斷然致其紛紜若此，抑末矣。」

嗚呼！是經歷千五百年矣，乃治天下之大經、大法，而其旨豈易明哉？愚寡聞淺識，烏能窺聖心之奥？而人謂所著《解意》，亦或有前人未發者，故欲是正有道，使大旨既明，則群疑自釋，群疑釋則是經爲成書矣。由是列之學官，頒之科制，而吾道燦然復明，則孝治庶幾其有興乎！謹拭目以竢。

萬曆戊子仲春錢塘後學孫本稿

古文孝經説

【明】孫本 撰

徐瑞 點校

點校説明

《古文孝經説》一卷，明孫本撰。本，生平事跡見前《孝經釋疑》。《古文孝經説》近二千言，以《孝經》爲孔子口授曾子一時問答之語，其篇章叙次自有脉絡貫通之處，不當有疑。

是書《經義考》著録。有《孝經總類》本、《孝經大全》十二集及十集本。本次整理，以《孝經總類》本爲底本，以《孝經大全》十集本爲校本。

古文孝經説

《孝經》起自「仲尼閒居」，迄於「孝子之事親終矣」，統爲一篇，按《漢・藝文志》首稱「《孝經》古孔氏一篇」可徵也。乃孔子口授曾子一時問答之語，故當時或引其端，或廣其説，或釋前旨，或發別義，反覆論議，惟期以盡孝之義而已。竝無章第，亦不分經傳，其中或間以「子曰」字，則記者見夫子答問之外有更端以告者，又有間歇而復告者，故皆以「子曰」起之，而意則未始不相貫也。後之儒者，乃紛紜於離合增損之説，至數百家，率務乖析聖經以從己意，其箋疏亦不過句解字釋，而皆不足以遡夫子之心。乃夫子之心直欲以孝治天下，而此篇則備述其所以治世之具也。觀夫子嘗曰：「吾其爲東周乎。」又曰：「期月而可，三年有成。」豈漫言以誇人哉？誠恃其治天下有此具也。蓋夫子年七十二矣，既不能行道當時，而欲以此著之爲經以詔來世。故其燕閒之際，特以是經屬之曾子，而曾子與門人詳記之。謂之經者，以爲古先聖王治天下之常道，大抵爲後世王者告也。夫何千載之下乃目爲童習之書，而晦蝕以至於今？良可慨也。然今雖欲舉而行之，又皆人自爲説，莫知適從，且或妄加疑訕。安望其與五經四書竝列哉？夫苟知其爲治道而發，非專泥於事親之節，則不必牽合傅會，而夫子之心較然明矣。觀其首言「至德要道」，「先王有至德」云云。一篇之大旨也，稱先王者正以孝治天下，非王者不能也。繼言孝有始終，「身體髮膚」云云。孝之統體通上下而言也。然「身體髮膚，不敢毀傷」之義，後不再及，而立身、行道、揚名之事，則亹亹言之不寘。至論五等之孝，「愛親者不敢惡於人」云云。惟天子足以刑四海，而諸侯以下漸有差焉。夫子之意，寧不有所重與？以是知孝之一字，夫子所以繼帝王而開萬世之治統者在是矣！而豈沾沾於溫凊定省間也？曾子平日但知孝在保身，而不知通於天下若此，故贊之曰：「甚哉，孝之大也！」夫子乃言孝之道原於天地、爲人所共由之理。「夫孝，天之經」云云。故先王因是以推之政教，「先王見教之可以化民」云云。此民之所以易感而化易成也。然治化之成，皆由明王以孝治天下，「昔者明王」云云。而諸侯、卿大夫皆感而化焉。可見化機係於天子，而孝之道所以爲大也。曾子聞此要道之義亦明矣，然未知爲至德也，故復問曰：「聖人之德，無以加於孝乎？」是因論要道，而詢及於至德也。夫子復言孝之德亦原於天地、爲人所同得之理。「天地之性人爲貴」云云。若充其量，雖尊親之極至於配天，不過謂之盡孝。且自古惟周公其人，而餘聖人皆不能盡。此孝之德所以爲至也。親生膝下，「故親生之膝下」云云。因論至德而復及於要道也。自「甚哉，孝之大」至此，蓋言孝之原出於天地，而聖人蘊爲天德，發爲王道，故能使教成政治。而和睦之風行，上下之怨息，雍熙太和之化，豈不可想見其盛哉？四節内稱先王者一，明王者二，聖人者三，蓋申論天子之孝也。此下「父子之道天性」云云。將申諸侯、卿大夫之孝，亦先言父子之孝出於天性，世之「不愛其親」云云。悖德、悖禮者逆其天性者也。故君子「言斯可道」云云。以愛敬推行於言行、德義、作事、容止、進退之間，以爲民則，雖不能徧及於天下，而一家、一國之人莫不遵其德教而行其政令，亦可見孝道之易於成治如此。引《曹風》之詩，但稱「淑人君子」，而天子不及焉，故曰申言諸侯、卿大夫之孝也。事親之五事，「孝子之事親」云云。孝之節目也。雖通上下而言，然謂之致，亦惟有位者其所致大也。三不孝「居上不驕」云云。以及五刑，「五刑之屬」云云。不孝者之戒也，治道所不廢也。教民親愛，「莫善於孝」云云。釋「要道」也；君子之教以孝也，「非家至」云云。釋「至德」也，論孝至此可謂備矣。然必若明王之孝，「昔者明王事父孝」云云。假天地、感鬼神而光四海，然後至德要道之義無餘蘊矣。此亦申論天子之孝之極也。君子事親孝，「故忠可移」云云。因上文明王而言孝之各有所通，蓋申士之孝也。《閨門》一節，「閨門之内」云云。因上三「可移」而釋「治移於官」之意也。至是而夫子以孝治天下之心，可謂深切著明也已。於是曾子以爲「若夫慈愛」云云。慈愛恭敬、安親揚名，凡今日所受於夫子者，悉聞命矣。故直以「從令」爲問，而夫子則深警其不可也。「是何言與」云云。君子事上，「進思盡忠」云云。又因上文争臣及之也。喪親者，「哭不偯」云云。孝之終事。上文雖言「喪致哀，祭致嚴」，而節目未詳也，故備言之此。固人子之至情，而亦所以明先王之制也。末復總結全篇之意，「生事愛敬」云云。蓋至此而孝子事親之道終矣。著之爲經，乃夫子平生所藴治天下之大經、大法，而出於一時問答之語，又何疑哉？今合前後而觀之，序次詳明，脉絡通貫，始終具備，本末兼該，誠六藝之總會也，奚俟采輯裝綴而後成經乎？於乎，是經之宏綱鉅目，章章如是，乃以爲童習而弁髦之。甚哉，其侮聖言也！今四方名臣碩學，誠以爲大聖遺經，前世往往詔天下通行肄習，不可湮没，乃疏請於朝，使得與五經四書並列，以行於世，則所以光揚孝治天下之道，豈小補云。

錢塘後學孫本譔

古文孝經説終

古文孝經解意

【明】孫本 撰
徐瑞 點校

古文字詁林

點校説明

《古文孝經解意》一卷，明孫本撰。本，生平事跡見前《孝經釋疑》。

是書强調《孝經》所含孝治天下之功用，其體例爲先列古文《孝經》經文，其下陳以己説，串講經文大義，言簡意賅。

《經義考》著録孫氏《孝經釋疑》《古文孝經説》二書，而未及是書。有《孝經總類》本、《孝經大全》十二集及十集本。本次整理，以《孝經總類》本爲底本，以《孝經大全》十集本爲校本。

古文孝經解意

錢塘後學孫本　立甫　著
仁和後學朱鴻　子漸　校

孝經

孔子欲以孝治天下而道不行，故口授曾子以詔後世。曰「經」者，以爲古先聖王興道致治之常法也。

仲尼閒居，曾子侍坐。子曰：參，先王有至德要道，以順天下，民用和睦，上下無怨。女知之乎？

「閒居」「侍坐」，可以從容講道時也，夫子以是經屬參，故呼其名而告之。言古先聖人之君臨天下者，有至極之德、要約之道以順天下，雖因民之性而化導之，由是民用和睦，上下無怨，而成雍熙太和之治，女知之乎？「至德要道」，一篇之大旨也。然不曰君子有至德要道，而稱先王，以見孝治天下，非王者不能也。使夫子得王者而輔之，當執此往矣。

曾子辟席曰：參不敏，何足以知之？子曰：夫孝，德之本，教之所由生。復坐，吾語女。

曾子不知「至德要道」者何，故言：參之質魯，何足以知之？夫子方指「孝」字示之。蓋自古致治之君率循是道，然而名未立也。夫子標題「孝」字，則所以興東周之治，而繼帝王之治統者在是矣。乃謂孝統衆善，爲德之本，而禮樂、刑政之教由是而生。其説長矣，故令復坐而詳語之。

身體髮膚，受之父母，不敢毁傷，孝之始也。立身行道，揚名於後世，以顯父母，孝之終也。夫孝，始於事親，中於事君，終於立身。《大雅》云：「無念爾祖，聿修厥德。」

孝有始終。孝之統體，通上下而言也。夫自身體以至髮膚，皆親之枝。人於少時不能保守，脱至虧損，終身不可贖矣。故不敢毁傷，孝之始事也。然夫子方論「以孝治天下」，故此始事通篇不再及矣。若夫立身行道，則必使其身表見於世，而德由此施，教由此達，遂能揚名後世，以顯父母，此則孝之終事也。然此達而在上者固可自致，若窮居在下而欲立身、行道、揚名、顯親，苟非出而事君，何以能此？故孝「始於事親，中於事君，終於立身」。事君者，成始而成終者也。

子曰：愛親者，不敢惡於人；敬親者，不敢慢於人。愛敬盡於事親，而德教加於百姓，刑於四海。蓋天子之孝。《甫刑》云：「一人有慶，兆民賴之。」在上不驕，高而不危；制節謹度，滿而不溢。高而不危，所以長守貴。滿而不溢，所以長守富。富貴不離其身，然後能保其社稷，而和其民人。蓋諸侯之孝。《詩》云：「戰戰兢兢，如臨深淵，如履薄冰。」非先王之法服不敢服，非先王之法言不敢道，非先王之德行不敢行。是故非法不言，非道不行。口無擇言，身無擇行。言滿天下無口過，行滿天下無怨惡。三者備矣，然後能守其宗廟。蓋卿大夫之孝。《詩》云：「夙夜匪懈，以事一人。」資於事父以事母，而愛同；資於事父以事君，而敬同。故母取其愛，而君取其敬，兼之者父也。故以孝事君則忠，以敬事長則順。忠順不失，以事其上，然後能保其爵禄，而守其祭祀。蓋士之孝。《詩》云：「夙興夜寐，無忝爾所生。」子曰：用天之道，因地之利，謹身節用，以養父母，此庶人之孝。故自天子已下至於庶人，孝無終始，而患不及者，未之有也。

此叙五等之孝，言天下之人凡五等，各有所當盡之孝，而其孝各自爲始終者也。孝不外愛敬，愛敬乃此經之脉絡，靡不通貫。故始於愛敬其親，而終於加百姓、刑四海者，天子之孝之始終也。國家傳之先世，子孫不能保而守之，至於危亡者，恒以驕奢之習勝、禮法之防疏也，其爲不孝大矣。故始於戒驕溢、循節度，而終于保社稷者，諸侯之孝之始終也。始則致謹於容服、言行之間，動遵法度，而終於守宗廟者，卿大夫之孝之始終也。惟士無田不祭，故始於忠順以事上，使不失其爵禄，而終於守祭祀者，士之孝之始終也。若庶人則始終養父母而已。上言「蓋」者，有不盡之意。庶人獨言「此」，以無所廣也，亦不必引《詩》證之矣。乃結之以爲「自天子以至庶人，孝無終始，而患不及者，未之有」，則孝乃合天下之人而不容不盡者也。夫孝，固人所各盡，然所以倡導之者自天子始，此夫子宗旨也，故下文發之。

曾子曰：甚哉，孝之大也！子曰：夫孝，天之經，地之義，民之行。天地之經，而民是則之。則天之明，因地之義，以順天下。是以其教不肅而成，其政不嚴而治。

曾子平日惟以保身爲孝，而不知通於天下，其道之大如此，故贊之曰：「甚哉，孝之大也！」夫子以爲孝之道所以大者，蓋以民性之孝原於天地，自古聖人法天地以立教，不過因民之性而順導之，是以其教易成也。

先王見教之可以化民也，是故先之以博愛，而民莫遺其親；陳之以德義，而民興行；先之以敬讓，而民不争；導之以禮樂，而民和睦；示之以好惡，而民知禁。《詩》云：「赫赫師尹，民具爾瞻。」

承上文言先王知聖人立教之原，以爲化民之道不越乎此，是故先以愛敬推行於上，民固有所觀感而興起矣。然其時風氣日開，法制日備，故又使其旬宣之臣陳以德義，導以禮樂，示以好惡，正所謂因其性之原於天地者順以導之，而天下豈有不靡然從風者哉？引師尹之詩，乃助王行化者也。

子曰：昔者明王之以孝治天下也，不敢遺小國之臣，而況於公、侯、伯、子、男乎？故得萬國之懽心，以事其先王。治國者，不敢侮於鰥寡，而況於士民乎？故得百姓之懽心，以事其先君。治家者，不敢失於臣妾，而況於妻子乎？故得人之懽心，以事其親。夫然，故生則親安之，祭則鬼享之。是以天下和平，災害不生，禍亂不作。故明王之以孝治天下如此。《詩》云：「有覺德行，四國順之。」

承上文言民之感化在下，而樞機在上，故先王以孝治天下，惟推愛敬其親之心，不敢惡慢於人。故於小國之臣亦不敢遺，況大國之君，豈有不加愛敬而反遺之者乎？不遺者，愛也；不敢遺者，敬也。愛敬者，人性所同具，故能感動天下萬國之人，而得其懽心，以事先王。夫既得萬國之懽心，則諸侯以下皆在感化之中矣。於是凡有國者，不敢侮鰥寡；有家者，不敢失臣妾。而各得其一國、一家之懽心，以事其先人。四海之內合敬同愛，而咸歸於孝矣。由是親安鬼享，至於天下和平，而無災害禍亂之患。則所謂「民用和睦，上下無怨」者，又可想見其盛矣。然此皆天子之孝有以倡率之也，故總之曰：「明王之以孝治天下如此。」夫「要道」固本於「至德」，然夫子重於論治，故此上三節皆推孝之功用，如此則於「要道」之義已著明矣。

曾子曰：敢問聖人之德，其無以加於孝乎？子曰：天地之性，人爲貴。人之行，莫大於孝。孝莫大於嚴父。嚴父莫大於配天，則周公其人也。昔者周公郊祀后稷以配天，宗祀文王於明堂以配上帝。是以四海之內，各以其職來助祭。夫聖人之德，又何以加於孝乎？

此曾子因上論「要道」，而問及於「至德」也。夫子亦推孝之原，言孝本於性，而性本於天地。故孝爲最大，若充其量，雖尊親之至至於配天，不過謂之盡孝，自古惟周公一人而已。其他聖人或阻於時，或限於勢，皆不能盡，安能有所加乎？此孝所以爲至德也。

故親生之膝下，以養父母日嚴。聖人因嚴以教敬，因親以教愛。聖人之教，不肅而成，其政不嚴而治。其所因者，本也。

此因上論「至德」，而復及於「要道」也。蓋天地之性，人所同具。故生之膝下，無不知愛；養父母日嚴，無不知敬。愛敬者，所謂民之性也。聖人因性以立教，此所以「教不肅而成」「政不嚴而治」也。夫政教乃禮樂、法度之屬，治之具也，固爲治者所不廢。然教所以成，政所以治，聖人之所因以導民者，則以民有此愛敬之性爲之本也，故曰：「所因者本也。」自「夫孝，天之經」至此凡四節，每原道德之本於天地，而聖王因立教以成治，無非以至德而發之爲要道也。觀歷稱先王者一，明王者二，聖人者三，而諸侯以下不及焉，愚故以爲申論天子之孝也。

子曰：父子之道，天性，君臣之義。父母生之，續莫大焉。君親臨之，厚莫重焉。

夫子將申諸侯、卿大夫之孝，亦先言父子之道出於天性，相續之恩甚大，相臨之義甚重。則天下之至親、至尊，莫如親矣。此自有國家者言，子亦臣也。

子曰：不愛其親而愛他人者，謂之悖德；不敬其親而敬他人者，謂之悖禮。以順則逆，民無則焉。不在於善，而皆在於凶德，雖得之，君子所不貴。君子則不然，言斯可道，行斯可樂，德義可尊，作事可法，容止可觀，進退可度，以臨其民。是以其民畏而愛之，則而象之。故能成其德教，而行其政令。《詩》云：「淑人君子，其儀不忒。」

承上文言親之恩義之大且重如此，其當愛敬何如也。春秋之世教衰俗敝，至於殺逆盜篡者國，有所謂人欲肆而天理滅矣。然不愛敬其親而反有愛敬他人者，此非迫於勢，則溺於情故也。夫愛、敬一也。施於親則爲順德而吉，今乃施於他人，則爲逆德而凶。於是言行、動止舉失其道，民無所觀法矣。故云「不在於善，而皆在於凶德」，雖享有國家而得爲人上，君子豈貴之哉？若夫謂之君子，則能愛敬其親者也。故其發於言，措於行，推於德義、作事、容止、進退之間，皆可爲民之表率。是雖不能廣被於天下，而其所蒞之民，咸畏愛而則象之，故德教成而政令行矣，亦可見孝之易於成治也。夫「悖德」「悖禮」云者，即篇首所戒驕溢也。「可道」「可樂」「可遵〔一〕」「可法」「可觀」「可度」云者，即篇首之欲謹言

〔一〕 按「遵」，據上經文當作「尊」。

行、飾容服而復稍廣之也。且起語有「君臣」字,及引《曹風》止言「淑人君子」,而不及天子,乃申諸侯、卿大夫之孝也。

子曰:孝子之事親,居則致其敬,養則致其樂,病則致其憂,喪則致其哀,祭則致其嚴。五者備矣,然後能事親。事親者,居上不驕,爲下不亂,在醜不争。居上而驕則亡,爲下而亂則刑,在醜而争則兵。此三者不除,雖日用三牲之養,猶爲不孝也。

五備者,孝之節度也,通上下而言。三不孝者,害孝之甚者也。

子曰:五刑之屬三千,而罪莫大於不孝。要君者無上,非聖人者無法,非孝者無親。此大亂之道也。

此因上文不孝及之。刑者,治道所不廢。誅不孝,以驅之於孝也。

子曰:教民親愛,莫善於孝。教民禮順,莫善於弟。移風易俗,莫善於樂。安上治民,莫善於禮。禮者,敬而已矣。故敬其父,則子悦；敬其兄，則弟悦；敬其君，則臣悦；敬一人，而千萬人悦。所敬者寡，而悦者衆，此之謂要道。

此釋「要道」之義也。凡教民之道，孝悌、禮樂其具也。然悌者，孝中之事。禮以節此，樂以和此，其要歸，不外乎孝。但立教則有此四端爾，而所以爲要道者，蓋以其所操者約，所及者廣也。試以孝之一端言之，禮主於敬，君子自敬其父、兄與君，一人爾，何其約也，而天下之爲子、弟、臣皆悦而化焉者，乃千萬人焉，何其廣也。我前所云「要道」者，非此之謂乎？

子曰：君子之教以孝也，非家至而日見之也。教以孝，所以敬天下之爲人父者。教以弟，所以敬天下之爲人兄者。教以臣，所以敬天下之爲人君者。《詩》云：「愷悌君子，民之父母。」非至德，其孰能順民如此其大者乎！

此釋「至德」之義。然所謂「至德」者，亦即於「要道」見之，若云「所敬者寡而悦者衆」，不惟爲道之要，而人君之德亦於是爲至。故承上「教民親愛，莫善於孝」，而言君子之所以教民孝如此者,豈家至而日見之哉?自敬其父、兄與君,是即教天下以子、弟、臣之道也;而天下之爲子、弟、臣者,各敬其父、兄與君,是天下之父、兄與君,皆在君子所敬之中矣,豈不謂之「至德」乎?夫至德要道,非有二也。自其及於人而言爲要道,自其本諸己而言爲至德,俱就治化上見之,非如體用本末内外之對待分屬者也。可見夫子此經重於論治,而非專以論學也。

子曰:昔者明王事父孝,故事天明;事母孝,故事地察;長幼順,故上下治。天地明察,神明彰矣。故雖天子,必有尊也,言有父也;必有先也,言有兄也。宗廟致敬,不忘親也;修身慎行,恐辱親也。宗廟致敬,鬼神著矣。孝弟之至,通於神明,光於四海,無所不通。《詩》云:「自西自東,自南自北,無思不服。」

自篇首至此,「至德要道」大略備矣。此則以孝道之極致言之,蓋以其推之而無所不通也。昔者明王推所以孝父者,事天於郊,而其禮明;推所以孝母者,事地於社,而其義察;推所以順長幼者,以處上下,而其政治。此特明王所自盡云爾。然事天、事地之理既明且察，則郊社之時，自然天神降、地祇出，而神明於是彰焉。此不可見孝之能通於天地乎？豈惟是哉，雖凡爲天子者，尊必有父，先必有兄，今繼世而立，固無生父、生兄可事，而宗廟之中，事死猶事生也，苟能致敬不忘，而平日又能修身慎行，以爲感格之本，則禘嘗之際，必飫之來飫，享之來享，而鬼神於是著矣。又不可見孝之能通於鬼神乎？夫天地至大，鬼神至幽，孝悌之至，尚能感格，而况於人乎？故曰：「通於神明，光於四海，無所不通。」引《文王有聲》之詩，不及通神明，而惟以證光四海之義，正以其格神難，而明其感人易也。論治而至於光四海，治斯極矣。「至德要道」之義豈復有餘藴哉？此亦申論天子之孝之極也。

子曰：君子之事親孝，故忠可移於君。事兄弟，故順可移於長。居家理，故治可移於官。是故行成於内，而名立於後世矣。

此因上論明王之孝及之也。上以明王之居尊位者言，其孝可以通天地、通鬼神、通四海，固無所不通。此以士之無位者言，其孝可以通於君、通於長、通於官，言各有所通也。此可見孝之爲道，隨分而各足，豈惟天子、諸侯、卿大夫所當務哉？篇首言「以孝事君則忠,以敬事長則順」,即忠移於君、順移於長之説。而此復以治移於官廣之,蓋申論士之孝也。

子曰:閨門之内,具禮已乎!嚴父嚴兄。妻子臣妾,猶百姓徒役也。

此釋上文之義也。閨門之内有父、有兄、有妻子、有臣妾,故云「具禮」。具禮者言事君、事長,使衆之禮無不具也。然不徒曰「父兄」,而曰「嚴父」,則有君之道矣;曰「嚴兄」,則有長之道矣。況「忠移於君,順移於長」,「君」「長」二字上文已指言之,故不必言猶君、長也,而義已明甚,何待釋耶?若「治移於官」,不釋則不明矣,故曰:「妻子臣妾,猶百姓徒役也。」此節惟釋「治移於官」,故其辭簡,朱子獨於此章有明注矣。

曾子曰:若夫慈愛恭敬、安親揚名,參聞命矣。敢問從父之令,可謂孝乎?子曰:是何言與?是何言與?言之不通也。昔者天子有争臣七人,雖無道,不失其天下;諸侯有争臣五人,雖無道,不失其國;大夫有争臣三人,雖無道,不失其家;士有争友,則身不離於令名；父有争子，則身不陷於不義。故當不義，則子不可以弗争於父，臣不可以弗争於君。故當不義，則争之。從父之令，焉得爲孝乎？

自篇首論孝，至此至矣、盡矣。故曾子以爲今日所聞於夫子，若愛親者不敢惡於人，與因親教愛云者，皆「慈愛」也；敬親者不敢慢於人，與因嚴教敬云者，皆「恭敬」也；生則親安，祭則鬼享之類，「安親」也；人有聖人君子之稱，「揚名」也。凡此悉領略矣。但子從父之令，是亦孝之大端，而夫子未之及也，故以爲問。蓋曾子平日惟以從令爲孝，不知令或不善，而一於從，則立身行道之事皆窒礙不行矣，其爲害不細。故夫子既重言：「是何言與？」而又曰：「言之不通。」所以深警之也。後乃告之以天子、諸侯、大夫、士皆有賴於争臣、争友，故當不義，子不可弗争於父，臣不可弗争於君，而反覆以明從令之不得爲孝也。前言爲孝之害者三，而此又其一也，故云「别發一義」也。

子曰：君子事上，進思盡忠，退思補過，將順其美，匡救其惡，故上下能相親。《詩》云：「心乎愛矣，遐不謂矣。中心藏之，何日忘之?」

此因上君有争臣及之。蓋夫子以孝論治,言事親必及於事君也。故謂孝子事親固不從親之令,而必諫止其不義以諭之於道;君子事君,亦豈可阿諛順從而陷君於無道哉?故不惟盡忠而必補其過,不惟將順而必匡其惡。正如《詩》言,臣有愛君之心,則君有過惡,豈容不盡言以告之?而乃藏之於心而不忘也。此以終上文争臣之義也。

子曰:孝子之喪親,哭不偯,禮無容,言不文,服美不安,聞樂不樂,食旨不甘,此哀戚之情。三日而食,教民無以死傷生。毁不滅性,此聖人之政。喪不過三年,示民有終。爲之棺槨、衣衾而舉之,陳其簠簋而哀戚之;擗踊哭泣,哀以送之;卜其宅兆,而安措之;爲之宗廟,以鬼享之;春秋祭祀,以時思之。

事親之道,在於養生、送死。上文五備,其大要也,然所謂致,推之至其極也。君子養親之生,居則敬,養致樂,病致憂,則當隨時隨事以竭其力,不可以品式拘也。若喪致其哀,祭致其嚴,尤爲送死之大事。使節目未詳,必遺終天之悔矣。於是夫子備舉而條列之，首言「哭不偯，禮無容」云云者，孝子之情，言無窮也。次言「三日則食」「三年則終」云者，聖人之政，言有制也。若始死，則製棺、衾，陳簠簋而哭踊之。哀既，則卜宅兆、修廟祀。而思慕之切，蓋情之所必當盡，而制之所必當遵者也。如是而慎終追遠無餘憾矣。此節詳送死之事，以廣「喪致哀，祭致嚴」之義也，然論喪親而必及於王制者，又所以備治道也。

生事愛敬，死事哀戚，生民之本盡矣，死生之義備矣，孝子之事親終矣。

此總結全篇之意也。「愛敬」者，篇内所云皆是也；「哀戚」者，篇末所云是也。孝乃天性，無人不具，故生民之本盡於此矣；生事葬祭，無所不周，故死生之義備於此矣。至此而孝子之事親終矣。此亦通上下而言，於是曾子不復問，而夫子不復告矣。其一時問答之言如此，統而論之，治天下之道本於孝，孝本於先王，先王本於天地，故上因之以立教，而下因之以從化，誠爲王者告也。世儒目爲童習，至以俗説訓詁之，誤矣！此《解意》所以著也。

古文孝經解意終

孝經解意後語

夫子慨明王不作，天下莫宗，既删述六經，垂憲萬世，復呼曾子，授以《孝經》，誠諸經之總會，治世之宏綱也。愚嘗統觀是經，稱先王者六，明王者三，天子者四，聖人者六，君子者七。復兩舉政教之神，一則天明，一因人性。兩申教孝之意，子、臣與弟無不悦從。又申移孝爲忠，事上盡職。以至諍臣、諍子，無非諭君、父於道，而不拘拘於命令之從。獨《事親》《喪親》二節，止著孝子者三，又合上下貴賤而言。若夫出治、佐治之孝，禮樂、政教之敷，亹亹推明而不已，曷嘗沾沾於温凊定省之儀，飲食起居之節，謂孝養細事而云然哉？世傳童習之書，意已繆舛。至謂人子事親之經者，亦各局於所見也。豈測夫子著先王治平之典，必本因心之孝爲之乎？噫，古今羽翼儒言百種，各加注釋，句解亦多，皆因分章立傳，隨在發明。慈湖所謂「陋儒妄以己意增益《開宗明義》等章，取混然一貫之旨而分裂之，至刊落《閨門》一節，破碎大道，相與妄論於迷惑之中」，誠哉是言也。不知古《孝經》原一篇，苟統會一篇大旨而總釋之，自爾燦然復明矣。

鴻彙輯有年，已作《家塾孝經集解》，携示初陽孫氏。孫氏謂聖人著《孝經》之意，蓋欲以孝治天下，故於事親之儀節略焉；而諸家注解非不分文析字，而本原大旨或有昧焉而未闡者，且爲一時問答之語，不分章第、經傳，與鴻深相契合。於是孫君仍慮後之學者，徒求是經於事親之儀節，而忽於論治，故特作《解意》，附《釋疑》，併闡注《孝經》之説。鴻亦作《孝經大旨》等篇，互相闡發。庶幾夫子微言未泯，而以孝治天下之旨如日中天矣。志是經者，願共詳察焉。

仁和朱鴻謹撰

從今文孝經説

【明】虞淳熙 撰
徐瑞 點校

點校説明

《從今文孝經説》一卷，明虞淳熙撰。淳熙（一五五三——一六二一），字長孺，號澹然，又號澹園居士，錢塘（今屬浙江杭州）人。萬曆十一年（一五八三）進士，授兵部職方司主事、主客司員外郎，後改司勛。萬曆二十一年受黨争牽連被削籍，自此還鄉與其弟淳貞隱居不出。與湯顯祖、徐渭、屠隆、公安三袁等交遊甚密。淳熙通曉方術、陰符，又曾受戒修净土宗，故治《孝經》亦受道、佛思想影響。其著述甚夥，《孝經》學著述有《從今文孝經説》《孝經集靈》《孝經邇言》，另有《塤篪音》（與淳貞同撰）《大學繁露演》《德園全集》《蔬齋匪語》等。生平事跡見《寓林集》卷十五《吏部稽勛司員外郎德園虞公墓誌銘》。

淳熙主今文《孝經》，其《從今文孝經説》徵引孔安國、孔衍、劉歆、司馬貞諸家涉及古文《孝經》之説，其下附己論駁之，以證《孝經》當從今文，並引朱熹、吴澄辨古文《尚書》之僞例以類證。倫明稱其書「大旨拾司馬貞之唾餘，徵引稍廣，然中挾成見，語多武斷，未足以昭，猶郝敬、梅鷟輩之攻古文《尚書》也」(《續修四庫全書總目提要・經部・從今文孝經説一卷》)。是書《經義考》著録。有《孝經總類》本、《孝經大全》十二集及十集本。本次整理，以《孝經總類》本爲底本，以《孝經大全》十集本爲校本。

從今文孝經説

錢塘後學虞淳熙述

孔安國曰：「魯共王壞孔子舊宅，於壁中得先人所藏虞、夏、商、周古文《書》，及傳《論語》《孝經》，皆蝌蚪文字。又升孔子堂，聞金石絲竹之音，乃不壞宅。蝌蚪書廢已久，時人無能知者，以所聞伏生之《書》，考論文義，定其可知者，爲隸古定，更以竹簡寫之。其餘錯亂摩滅，弗可復知。悉上送官，藏之書府，以待能者。」

鄭夾漈云：「諸經皆有古文，文帝時朽折，出自壁間者是也。」漢初以六體試學童，一曰古文；後漢以三體書石經，一曰古文。魏邯鄲淳、衛敬侯皆能焉。若蝌蚪製自顓頊，安國實言不知，張霸、孔衍諸人相與爲僞，安傳訓義，豈安國所任哉？故其可知者，今文也，非古字也；其所定者，今文之同於古也，非古文之異於今也。齊雍州古塚得十餘簡，王僧虔云是蝌蚪《考工記》。葉氏曰：「世無此書，僧虔何從證之？」愚亦曰：世無今文，安國何從證之？如止言異幾字、多幾字、少幾字則可，設言異某字、多某字、少某字，無是理也。時以《尚書》送官，魯國三老獻《孝經》於昭帝，蓋安國取證顏氏之文耳。

孔衍曰：「魯恭王壞孔子故宅，得古文蝌蚪《尚書》《孝經》《論語》，世人莫有能言者。安國爲改今文讀，而訓傳其義，又撰次《孔子家語》。既畢訖，會值巫蠱事起，遂各廢不行。光禄大夫向以爲時所未施之，故《尚書》則不記於《別録》，《論語》則不使名家也，臣竊惜之。且百家章句，無不畢記，況孔子家古文而疑之哉？奏上，天子許之。遇帝崩，向亦病亡，遂不果立。」

按古文自孔氏，何向等諸儒疑之哉？避秦而藏之，禁弛而不即出，一可疑也；世莫能言，人無能知，能言、能知獨一安國，二可疑也；堂内金絲終涉神怪，壁中蝌蚪遠沿顓皇，同文務實之時，似不宜有，三可疑也。負三可疑，故除煩惑云。

劉歆曰：「孝文皇帝始使晁錯從伏生受《書》。《尚書》出於屋壁，朽折散絶。及魯恭王壞孔子宅，得古文於壞壁之中，《逸禮》有三十九，《書》十六篇。天漢之後，孔安國獻之，遭巫蠱倉卒之難，未及施行。及《春秋左氏》，皆古文舊書，多者二十餘通，藏於秘府〔二〕，伏而未發。其古文舊書〔二〕，皆有徵驗，外内相應，豈苟而已哉？夫禮失求之於野，古文不猶愈於野乎？」

三學中無《孝經》之説，此學非歆所欲立也。其曰「外内相應」者，外是張霸僞《書》，内是先帝傳《書》。成斥之而哀存之，向疑之而歆信之，不孝莫大乎是。如莽符命，如宋天書之類。故博士不對，諸儒怨恨。龔勝上疏乞骸，師丹奏歆改亂，衆怒羣訕，懼誅求出。藉令稍有可遵，何至乃爾？嗟乎，古文愈於野，歆難掩其僞矣。

《漢·藝文志》曰：「《孝經》各自名家，經文皆同，唯孔壁中古文爲異。」

〔一〕〔二〕「書」「府」二字原互誤，據《漢書》改。

按桓譚《新論》「異者四百餘字」，劉向參校，除其煩惑，謂異者不必異，增者不必增，除去其煩，毋使人惑也。彼衛宏之徒爲所惑矣。

《隋·藝文志》云：「安國之本，亡於梁亂。至隋，王劭於京師訪得《孔傳》，遂致河間劉炫，因序其得喪，講於人間，漸聞朝廷。後遂著令，與鄭氏並立。儒者喧喧，皆云炫自作之，非孔氏舊本，而秘府又先無其書。」

周師入郢，焚書七萬餘卷。魏大收書，但獲今文，譯以夷言，謂之《國語孝經》。後齊頗更搜聚，然古文竟泯焉。自隋用一絹易一卷，而王逸嗜利，出市本送劭。劭，僞造符命人也，轉示劉炫。炫之僞妄，亦劭之流，遂作《稽疑》，以傳於世。當時諸儒皆詆，則無一人肯證；秘府乏書，則無一字可證。徒恃《漢志》而又不合桓譚、許慎之説，固無待貞、昺之譏斥也。

司馬貞曰：「古文二十二章，出孔壁，未之行，遂亡其本。近儒輒穿鑿更改，僞作《閨門》一章，文句凡鄙，又分《庶人章》《曾子敢問章》以應二十二之數。」

邢昺曰：古文《孝經》曠代亡逸，今曰「遂亡」者，見非亡於梁、亡於漢也。《閨門》一章匪出長孫氏，蓋晉、宋人爲之。吴草廬譏其淺陋，不類聖言，亦不類漢儒語，僞作明甚。孔云「不敢侮於臣妾」，而彼云「徒役臣妾」。夫徒役犯姦，何與官長？唐主且援以自文，而詎稱嫌乎？分《庶人章》是昧終始之爲總結也，分《曾子章》是昧德性之相呼應也。孰謂炫敏哉？

開元中，詔議孔、鄭二家。劉知幾以爲宜行孔廢鄭，諸儒非之〔一〕。

廢鄭注是也，行孔傳非也。諸儒亦非其行孔耳。

李士訓《記異》云：「大曆初，霸上耕，得石函絹素古文《孝經》。初傳李白，授李陽冰，盡通其法。皆二十二章，今本亦如之，與今小異，旨義無別。」

以石函韜絹素，積潤易朽，想即隋本耳。按白在當塗，與陽冰詩無授《孝經》語，豈受傳者妄耶？既云「旨義無別」，奚取古文爲耶？

〔一〕「之」原作「人」，據《文獻通考》改。

《宋三朝藝文志》曰：「五代以來，孔、鄭二注皆亡。」

陳氏曰：「周顯德中，新羅獻《别序孝經》，即鄭注者。」《崇文總目》云：「咸平中，日本僧奝然以鄭注來獻。」温公誤以爲他國之人轉相傳授，蓋因注而疑經。經在石臺，何待二國？

吴草廬曰：「隋時有稱得古文《孝經》者，絶無來歷。其間與今文增減異同不過一二字，而文勢曾不若今文之從順。以許慎《説文》所引及桓譚《新論》所言考證，又皆不合。决非漢世孔壁中之古文也。温公資質重厚，於今文尚且篤信，則謂古文尤可尊也，而不疑後出之僞。」

許慎《説文》自序云，其稱《論語》《孝經》皆古文也。今按「居」字下引「仲尼居」，炫本多「閒」字。桓譚《新論》云古文《孝經》千八百七十二字，異今文四百餘字。炫本止千八百七字，異今文僅二十餘字。許慎世推「五經無雙」，桓譚疏詆妄增圖記。二子實見孔傳，决非繆説。但所謂孔傳者，劉向且疑之，况炫本哉？炫師熊氏，好古受誣，求復七十二世祖之碑。炫友王劭，迂怪不經，僞作三百八十篇之讖。經由于劭，信過于熊，蓋採謡拾語是劭故習，而減字增句，非炫所知。尚以更生依倣顔芝，安國考徵伏勝，不敢恣其虚誕聊爾。易其緒言，首增「閒」字、「坐」字，使開卷者即證爲《禮記》《論語》之文。中去「也」字、「之」字，使尚質者即指爲門人篤實之驗。詎知非喪安取不文，平居自然閒適？助語既難盡削，叙事寧貴冗長。又「利者義之和」，《易》垂大訓；「天子至庶人」，傳有明徵。命坐而談，定不斥其名諱。重言足儆，奚必訓其不通？謂之曰秃，曰不順，特小疵耳。昔董子之對獻王，不剗「也」字，此猶今文也。文信之著孝行，尚存「也」字，將非古文乎？請觀《繁露》《吕覽》，益信劭等之誣經矣。

歸有光曰：「隋劉炫僞造《連山》《魯史記》等百卷，則炫之書又可信哉？司馬公詆今文爲他國疏遠之僞書，蓋見新羅、日本之《别序》，而近忘京兆之石臺也。」

按炫雖以僞書除名，牛弘、楊達復薦進之，隋著令與鄭並立，唐始議廢鄭專行，故得流傳，及于温公。炫等以無行之人倡無稽之論，則當屏諸他國者也。若夫今文出自顔芝，受自顔貞，考自獻王，辨自董相，校自劉向，譚自孝文，隸自明皇，百家同尊，千古常明，豈待取徵於他國而後信哉?且王漸息訟,徐份已疾,王立彌姦,尹公召烏,庾生避水,馮亮手執以殉,禽蟲不侵,素霧屬天,真所謂「通於神明」者矣。古文一出而遭巫蠱,再出而投虐焰,劭也敗名,炫也餒死,皇侃擬《觀音經》而招疾,温公示鳴條村而貽笑,卒入移剌履手,爲他國書矣。乃知孔、曾在天之靈,惡一字一語之增改也。

司馬温公曰:「先儒皆以爲孔氏避秦禁而藏書,愚竊疑其不然。何則?秦世蝌蚪之書廢絶已久,又始皇三十四年始下禁書之令,距漢興纔七年耳,孔氏子孫豈容悉無知者,必待恭王然後乃出?蓋始藏之時,去聖未遠,其書最真,與夫他國之人轉相傳授、歷世疏遠者,誠不侔矣。且《孝經》與《尚書》俱出壁中,今人皆知《尚書》之真而疑《孝經》之僞,是何異信膾之可啗,而疑炙之不可食也。」

按蝌蚪始顓頊,周制從史籀,秦坑異議者七百,專行篆隸。孔氏冒禁而藏,又冒禁而書,危亦甚矣。如自衰周,當籀刻金石,而漆書竹簡,百年不蠹,無是理也。夫周書同文,既不得爲蝌蚪;泰法嚴厲,又不敢爲蝌蚪;漢去古遠,又不能識蝌蚪。此劉向所以置疑於安國也。昔秦博士尚藏此經，而詔令碑銘不諱言孝。芝以斯隸恬筆記千八百餘字于衿裔間，七年而出之，詎稱僞哉？郢之火，孔亡而鄭存。名鄭者多也，豈必《國語》。若夫古文《尚書》，則百兩僞興於張霸，十六詐飾於劉歆。諸家並云向、歆、班固、賈逵、馬融、鄭玄、韋昭、杜預、趙岐之徒皆不見真古文，謂凡所舉《書》出于二十五篇之内者，皆指爲《逸書》故也。惟王肅以至梅頤見之。夫向等不值於前，而肅等反遇於後，宜來三子之譏矣。謹載其言於後，稽古者擇焉。

朱子曰：「孔安國《書》是假《書》，是晉宋間文章。況孔《書》東晉方出，前此諸儒皆不曾見，可疑之甚。」

可見王肅諸人，即王劭諸人耳。

蔡子曰：「今文多艱澁，而古文反平易，則又有不可曉者。至於諸序之文，或頗與經不合。而孔安國之序，又絶不類西京文字，亦皆可疑。」

可無疑於古文《孝經》之平易矣，蓋文章之變，日流於易也。

吴子曰：「安國爲隸古，特定其所可知者，一篇之中，一簡之内，其不可知者蓋不無矣。而安國所增多者，皆文從字順，非若伏生之《書》詰曲聱牙。夫四代之書，作者不一，乃至二人之手，而遂定爲二體乎？其亦難言矣。」

是今人不以古文《尚書》爲真，而古文《孝經》可例知矣。

宋景濂曰：「古今文之所異者，特詞語微有不同。稽其文義，初無絶相遠者。諸儒於經之大旨未見有所發揮，而獨斷斷然致其紛紜若此，抑末矣。」

窮經者，師其義乎？師其詞乎？如以詞而已矣，則宜辨；不則無如會其大旨，見諸行事之深切著明也。後之君子，無泥「從令」之語，復致紛紜，熙不勝大願。

從今文孝經説終

孝經集靈

【明】虞淳熙 撰
徐瑞 點校

點校説明

《孝經集靈》一卷，明虞淳熙撰。淳熙，生平事跡見前《從今文孝經説》。

《孝經集靈》凡一卷，前有淳熙自序。是書以採集歷代文獻中《孝經》靈異之事爲主，兼集有關《孝經》之言行，以使人「稽往哲之行，知報復之有徵，於焉興起其孝親之心，於焉研究乎傳孝之經」。凡二百餘條，又附集三十餘條，所記爲遼金元及域外、釋道之事。

是書《千頃堂書目》《明史·藝文志》經部孝經類著録。《四庫全書總目》以其「侈陳神怪」，又「採録顛舛」，入子部小説類存目。是書以因果報應靈異之事佐驗《孝經》、勸善行孝，雖所採事有不經，然明清以來流傳頗廣，版本較多。明代有《孝經總類》本、《孝經大全》十二集及十集本、《孝經全書》本，清代有道光十一年晁氏木活字《學海類編》本、道光咸豐間宜黄黄秩模刊《遜敏堂叢書》本等等。明代又出現了節略本，有明崇禎四年程一礎閒拙齋刊《孝經古注》本、陳繼儒輯刊《寶顔堂秘笈》本等。

本次整理，以《孝經總類》本爲底本，以《孝經大全》十集本、《孝經全書》本爲校本，並末附四庫提要。

孝經集靈叙

《孝經》輯録甫成，客過，謂曰：「天下事凡非性所固有、職所當爲，欲其勉然勵精，必旁引援證，以其所應感靈顯，報復陳迹，鼓動厥心，俾之歆愛樂爲。若夫孝根於天，原於性，當盡乎職，一孔曾之訓，多所興起，更何假靈之集也？虞子集孝之靈，無乃爲贅瘦乎？」鴻曰：「信如言哉！第孔曾傳孝，湮没曲學異門已久，微言秘印，寥寥空谷。又世皆以物誘汩良心，人爲戕天性，矧家庭以恩勝，以狎處，於孝之祇肅節文比比泯滅，孰能窺蘊奥於萬一？斯以爲懼，乃滌其靈而清其神，蒐其典而集其靈，使之稽往哲之行，知報復之有徵，於焉興起其孝親之心，於焉研究乎傳孝之經，譬之引其入室而先開之扃也。謂不足以還其固有，而復乎天真也耶？謂不足以發闡聖藴，而羽翼是經也耶？雖然，安仁，上也；利仁，中也；非諸仁，下愚也。不期報而孝，安仁者也；期報而勉於孝，利仁者也；不安不勉，外於子職，非諸仁者也。集孝之靈，不過爲中人設耳。天下皆安仁，又多利仁，則鴻等方爲聖明之治化，慶其幸曷勝?·則斯集也，寧爲贅瘻。」客曰：「玆言旨矣。敬謝命，請用是以冠集端。」鴻謹諾。

萬曆己丑元春吉日仁和後學朱鴻撰

孝經集靈序

比余致齋埏室，感國和之集通神也。蒐史而集靈，集十許則，告朱君曰：「靈集矣。」朱君謂：「否。元溠胚人，紫宙唯邈，豈其寥寥爾爾？子集之。」於是登若顧懽者百輩也。翂道民時任書，五月某夕夢神言：「元魏當有人。」寤，批牒登若而人焉。後夜，更夢神言：「唐宋有某某其三人。」寤，忘之矣。與翂互檢，復登若而人焉。後夜，夢鴞，繙《鴞羽》詩，歌而待旦，登勞侶數十人，翂書焉。後夜，夢漢應劭請登逸經四語也者，笈車之收，靡不窮檢。翂已小極，余鼓氣入。丁戊夜，而登《風俗通》六語之四焉，期不夢不檢也。六月七日，夢白華碧，趺神洪語曰：「放而馨逾黍稷。」寤，窺園，見苞如玉，蟲食英，其文「子蓋子道」云。夫集靈而靈我集，安所疑孝哉？序曰：

孝通神明，自神明也無所不通。自利也，自順也。三才五等，贊立成身。即聖若先王，敏若君子，最下鰥寡臣妾，粗而翹之，迨三五七人，並身體髮膚之屬也。明王則天之明以察地，彰神光於四海，煜然焯然，娓曜靈參。維斗棣通於兆形，斯其烱烱者耳。烱烱者，宇宙一人也，名天字性，號以良知。有剥膚而不撓，擢髮而不變者？無之。故六合六民，一體一身。集其形，形不可單集也。集其靈，靈夙集矣。神鏡之攝百采也以明，神劍之躍而兕立決也以利，神泉之注千里不留行也以順。天明、地利、人順，而潤乃身，懽心四洽，天下和平，潤身之效而靈爲之苓主也。翁道民曰：身有幾，曰在君爲首，在臣爲肱，在父母爲腹心，在子爲支，在兄弟爲手足，在司教、司諫爲耳爲目，在四裔爲駢拇枝指，在二氏爲魂魄之載。集君於首，尊元首也；次集儒人，先耳目也；集二氏終焉，魂魄無不之，之魂魄而窮也。慧地丹器，仲翔麄裘，與余爲三。魂交獻吉，赫赫厥靈。余安知夢之非身，身之非夢耶？又安知集之非夢，夢之非集耶？聖不獨立，智不獨治，同靈造虛，尼山氏命我矣。

萬曆戊子夏日服雖子虞淳熙書

孝經集靈

《説苑》曰：「昔者舜盡孝道，天下化之，蠻夷率服。北發渠搜，南撫交趾，莫不慕義。麟鳳在郊。故孔子曰『孝悌之至，通於神明，光於四海』舜之謂也。」

陶潛曰：「孔子曰：『禹，吾無間然矣。』聖人之德無以加於孝敬，孝敬之道，美莫大焉。」

「唯我商王，立愛唯親，立敬唯長，始於家邦，終於四海。」孔穎達曰：「《孝經·天子之章》盛論愛敬之事。『立愛唯親，立敬唯長』，即《孝經》所云『愛親者不敢惡於人，敬親者不敢慢於人』；『始於家邦，終於四海』，即《孝經》所云『德教加於百姓，刑於四海』是也。」

「高宗宅憂，亮陰三祀。」鄭玄注引《孝經》云：「『言不文』也。恭默思道，夢帝賚予良弼，蓋行經所謂『喪三年』者，而『通於神明』也。」陶潛云：「高宗三年不言，德教大行。《詩》曰：『一人有慶，兆民賴之。』其此之謂乎！」

陶潛曰：「文王孝道光天，自近至遠，故得萬國之懽心，以事其先王。」

武王曰：「唯天地萬物父母，唯人萬物之靈。」孔穎達曰：「『天地之性，人爲貴』，是此經之意。」《孝經》曰：「孝悌之至，通於神明，光於四海。《詩》曰：『自西自東，自南自北，無思不服。』」此之謂也。唯武王能見性，故性體冥合如此。

《孝經》曰：「孝莫大於嚴父，嚴父莫大於配天，則周公其人也。」孔穎達曰：「《詩·我將》祀文王於明堂，《思文》頌所配之人。」曰：「維天其右之。」曰：「伊嘏文王，既右享之。」曰：「貽我來牟。」《箋》云：「火流爲烏，五至以穀俱來，此謂『貽我來牟』。」《書説》：「謂烏有孝名，武卒父業，故烏瑞臻。」可謂通神通矣。

魯孝公之爲公子，樊穆仲稱其孝，王乃命之於夷宫，是爲孝公。陶潛云：「夫『宗廟致敬，不忘親也』，有國不亦宜乎！」

《中契》曰：「丘學《孝經》，文成道立，齊以白天，則玄雲踊北，紫宫開北門，角亢星北落，司命天使書題號《孝經篇》。雲神星裳，孔丘知元命，使陽衢乘紫麟，下告地主要道之君。後年，麟至，口吐圖文，北落郎服，書魯端門，隱形不見。子夏往觀，寫得十七字，餘字滅消，其餘飛爲赤烏，翔摩青雲。」

《緯》曰：「孔子七十二歲，語曾子，著《孝經》。因著作既成，乃齋戒，向北斗告備。忽有赤虹自天而下，化爲黄玉，刻文，先聖跪而受之。」一云：「《春秋》《孝經》成，孔子以此二經告備於天。」

《援神契》曰：「孔子制作《孝經》，使七十二子向北辰磬折，曾子抱《河》《洛書》北向，孔子簪縹筆，衣絳單衣，向北辰而拜。」

《宋志》：「孔子告備於天，曰：『《孝經》四卷，謹已備』。」

曾子撰斯，問曰：「孝文乎駮不同何？」子曰：「吾作《孝經》，以素王無爵之賞，斧鉞之誅，與先王以托權。」目「至德要道」以題行首。仲尼以立情性，言「子曰」以開號。

《孝經援神契》《鈎命訣》曰：「王者德至八方，則祥風至。德至山陵，則出墨丹，景雲出，山出根車，澤出神馬。德至水泉，則黄龍見。德下至地，則嘉禾生。德至鳥獸，則麒麟臻，鳳凰翔，鸞鳥舞，白鳥下，白虎、白鹿見，狐九尾。德至草木，則芝草生，木連理。德謂至德，德之所至，祥亦至焉，無所不通之謂也。」又曰：「神靈滋液，則有玉英、翠羽。曜神謂神明，神之所流，液亦流焉，無所不通之謂也。」又曰：「祭祀不相踰，衣服有節，則白雉至；奉己約儉，臺榭不侈，則白雀見。祀謂致嚴，服謂法服，儉約不侈，謂制節謹度。行之所集，瑞亦集焉，無所不通之謂也。昔者明王以孝治天下，故曰：『至治之世，風不鳴條。』

此之謂無所不通。」

《孝經緯》《左方契》《威嬉矩》,又有《援神契》《鈎命訣》,並載諸靈異事。

班固曰:「已作《春秋》,後作《孝經》何?欲專制正。於《孝經》何?夫孝者,自天子下至庶人,上下通。《孝經》者,夫制作禮、樂,仁之本,聖人道德已備。」

應劭引《孝經》曰:「聖不獨立,智不獨治,神不過天地,同靈造虚。」此似《逸孝經》語,或古文有之。其叙致天地、聖人、神智、虚靈,即三才合一、明察光通之指莫加也,要是孔、曾微言大義,雖煨燼糟粕,卒顯靈秘云。

鄭氏引《古孝經説》曰:「地順受澤,謙虚開張。含泉任萌,滋物歸中。」學齋以爲奇語,不可忽略看過。

曾子受《孝經》,事親孝。嘗鋤瓜,三足烏萃其冠。母齧指。在楚,心動。孔子聞之曰:「參之至誠,精感萬里。」

蘇頲《曾子贊》曰:「百行之極,三才以教。聖人叙經,曾氏知孝。全謂手足,動稱容貌。事君事親,是則是傚。」

宋高宗《曾子贊》曰:「夫孝要道,用訓羣生。以綱百行,以通神明。因子侍師,答問成經。事親之實，代爲儀刑。」

樂正子春下堂傷足，數月不出，猶有憂色。曰：「吾聞之曾子：『父母全而生之，子全而歸之，可謂孝矣。』故君子一舉足、一出言，不敢忘父母。」陶潛云：「不敢毁傷，孝之始也。夫能敬慎若此，而災患及者，未之有也。」

《孝經》自魏文侯而下至唐宋，傳之者百家，九十九部二百二卷。由元迄今，益又多矣。

秦始皇二世，焚經、禁挾書之主也。其立石頌德之詞曰：「合同父子，體道行德。昭明宗廟，天下和平。四海之内，皆獻貢職，孝道彰明。」所屬語猶稍採《孝經》云。蓋博士之藏不泯絶也，信此經之靈矣。

孔子九代孫鮒當秦焚書，藏《孝經》於祖堂舊壁中。後魯共王壞宅，以廣其居，於壁中得《孝經》。又升堂，聞金石絲竹之音，乃不壞宅。《論衡》云：「此文當興於漢，喜樂得聞之祥也。」

顔芝，河間人，藏《孝經》。夫以秦之大索，而身殉此經，閔不畏死，藏以待貞。雖經之靈，乃芝亦抱其烱烱，與經無窮矣。

漢文帝置《孝經》博士，司隸有專司，制使天下誦習。孝昭時，魯國三老獻古文《孝經》，皆口傳，官無其説。

宣帝地節四年詔曰：「父子之親，天性也。自今，子首匿父母皆勿坐。」

平帝元始三年，令序庠置《孝經》師一人。五年，令天下通知《孝經》教授者，在所以聞，遣詣京師。風俗使者奏：「市無二價，官無獄訟，邑無盜賊，野無飢民，道不拾遺，男女異路。」

平帝五年，詔天下通《孝經》教授者，在所駕一封軺傳，遣詣京師。

河間獻王問董仲舒曰：「『夫孝，天之經，地之義』，何謂也？」董子對曰：「天有五行，春木主生，夏火主長，季夏土主養，秋金主收，冬水主成。是故父之所生，其子長之；父之所長，其子養之；父之所養，其子成之。諸父所爲，其子皆奉承而續行之，乃天之道也。故曰『夫孝者，天之經也』，此之謂也。」王曰：「善哉！願聞『地之義』。」對曰：「風雨者，地之爲。地不敢有其功名，必上之於天，可謂大忠矣。土者，火之子也。五行莫貴於土，土之於四時，無所命者，不與火分功名，此謂『孝者，地之義也』。」王曰：「善哉。」

董仲舒曰：「堯、舜何緣而得擅移天下哉？《孝經》之語曰：『事父孝，故事天明。』事天與父，同禮也。今父有以重與子，子不敢擅與他人，明爲子道，則堯、舜之不私傳天下而擅移位也，無所疑也。」

劉向以顏芝本校古文《孝經》，除其繁惑，定一十八章。周堪薦其明經有行，擢爲散騎諫大夫給事中。

韓延壽能聽納善言，有諸生聞其賢，代爲門卒。一日因出，臨上車，騎吏一人聞父來，至府門不敢入，趨走出謁，因而後至。敕功曹議罰。門卒當車，舉《孝經》「資於事父以事君，而敬同」數語，「今旦明府蚤駕，久駐未出。騎吏以敬父而見罰，得毋虧大化乎？」因舉手輿中曰：「微子，太守不自知過。」歸舍，遂待用之。

東漢光武建武十一年詔曰：「天地之性人爲貴，其殺奴婢不減罪。」時行《沛王通論》。

明帝時，自期門羽林之士，悉令通《孝經》章句。當時，甘露降於甘陵，仍降附樹枝，芝草生殿前，神雀五色翔集京師。西南夷哀牢、儋耳、焦僥、槃木、白狼、動黏諸種，前後慕義貢獻，匈奴亦遣子入學。史稱其官，民安其業，遠近肅服，户口滋植焉。

靈帝時，督郵板狀曰：「生事愛敬，喪没如禮。」《孝經》者，某官某甲保舉。

班固曰：「《孝經》曰：『保其社稷，而和其人民，蓋諸侯之孝也。』稷者，得陰陽中和之氣，而用尤多，故爲長也。此蓋以和召和，盛德通靈之一驗也。」又曰：「『天子有争臣七人』云云，夫陽變以七以三成，子之諫父，法火以揉木也。是此經之旨，無不符二氣、叶五行矣，所以靈也。」

范升九歲通《孝經》，建武中徵拜議郎，遷博士。上重之，數引見，每有大議，輒加訪問。

夏甫少舉孝廉。清旦，東向再拜朝其母，念時時往就之，子亦不得見，復踰拜耳。母終亡，不列服位。應劭曰：「按《孝經》『生事愛敬，死事哀戚』，一家之中，諭若異域，下牀闇拜，遠於愛敬者矣。祖載崩隊，又不能送，遠於哀戚者矣。」

周黨伯況，少爲卿佐發。黨過，於人中辱之，乃歸報讐。應劭曰：「謹按《孝經》『身體髮膚，受之父母，不敢毁傷，孝之始也』，『身無擇行，口無擇言』，『修身慎行，恐辱先也』，而伯況被發，則得就業，卿佐雖云凶暴，何緣侵己？今見辱者，身自致焉，何尤於人？親不可辱，在我何傷？」

劉矩叔方，父字叔遼，累祖卿尹，仕進陵遲。而叔方雅有高問，州郡請辟，未嘗答命。太尉、太傅嘉其孝敬，爲之先後，叔遼由此辟徵。叔方爾乃翻然改志，三登台衮。應劭曰：「謹按《孝經》曰『敬其父則子悅』，叔矩百行有四，凡在他姓尚宜褒之，況於父乎？敬意之志猶用夷悅，況於寵族乎？」

周乘爲李張所舉，張病物故，夫人見乘曰：「諸君未肯發引，何若曜德王室，昭顯亡者？」於是乘即辭行，拜郎，治無異聲。應劭曰：「謹按《孝經》『資于事父以事君』，『君親臨之，厚莫重焉』，夫人雖有懇切之教，蓋子不以從人之爲孝。而乘去喪即寵，明試無效，安在其顯君父德美之有？」

廉范少孤，十五入蜀，迎父喪，遇石船覆，執骸而没。船人救之，僅免於死，遂以喪歸。及仕郡，拯太守於危難，送故盡節。章帝時，爲郡守，百姓歌咏之。陶濳云：「夫孝者，德之本，教之所由生也。是以范之臨危也勇，宰民也惠，能以義顯也。」

大鴻臚韋彪上議曰：「賢以孝行爲首。孔子曰：『事親孝，故忠可移於君。』忠孝之持心近厚。」章帝深納之。

仇覽爲陽遂亭長，好行教化。有陳元凶惡不孝，其母詣覽言元。覽呼元，誚責以子道，與一卷《孝經》使讀之。元深改悔，母子更相向泣。於是元遂修孝道，成佳士。

黄香九歲失母，思慕骨立，事父竭力以致養。冬無被袴，而盡滋味。暑則扇床枕，寒則以身溫席。和帝嘉之，特加異賜，歷位恭勤，寵禄榮親。陶潛曰：「可謂『夙興夜寐，無忝爾所生』者也。」

桓譚《新論》云：「古《孝經》千八百七十二字，今異者四百餘字。」夫窮經而至校量字數，可謂深嗜矣。

許慎《説文》自序云：「其稱《論語》《孝經》，皆古文也。」游藝之必宗經乃爾耶？

向栩〔一〕。張角作亂，栩上便宜，頗多譏刺左右，不欲國家興兵，但遣〔二〕將兵於河上北向讀《孝經》，則賊當自消滅。蓋以正治邪，祛妖之法，非迂也。

延篤曰：「人之有孝，猶四體之有心腹，枝葉之有本根也。聖人知之，故曰：『夫孝，天之經也，地之義也，人之行也。』孝以心體根本爲先。」篤少從馬融受業，桓帝徵拜議郎，累遷左馮翊、京兆尹，郡中懽愛，三輔咨美，與邊鳳齊名。

後漢獻帝皇后父不其亭侯伏完，朝賀公庭。鄭玄議：「侯在京師，禮事出入，宜從臣

〔一〕「栩」原作「詡」，據《後漢書》向栩本傳改，下同。
〔二〕「遣」原作「追」，據《後漢書》向栩本傳改。

禮。若后息離宮，及歸寧父母，從子禮。」邴原駁曰：「《孝經》云『父子之道，天性也』，『明王』之章先陳事父之孝。如皇后於公庭官僚之中，令父獨拜，違古之道，斯義何施？」卒從原議。

鄭玄注《孝經》，以爲五經之總會。常還高密，道遇黃巾賊數萬，見玄皆拜，相約不敢入境。玄病，夢孔子告之曰：「起，起，今年歲在辰，明年歲在巳。」既寤，知命當終。既卒，自郡守以下受業者千餘，皆縗絰赴會。孔融爲特立一鄉，曰「鄭公鄉」。廣門衢，令容高車，號「通德門」。

邴原一冬之間讀《孝經》，卒業，「口無擇言，身無擇行」。在遼，始一年，凡往歸原居者數百家，遊學之士，教授之聲不絕。地故多虎，其居村落獨無。

中平元年，宋梟患多寇叛，謂蓋勳曰：「凉州寡於學術，故屢致反暴。今欲多寫《孝經》，令家家習之，庶或使民知義。」

王立説《孝經》隱事，能消却奸邪。常以良日，爲帝誦《孝經》一章，以丈二竹簟，畫九宮其上，隨日時而出入焉。

三國吴主問衛尉嚴畯：「寧念小時所闇誦書否？」畯因誦《孝經》「仲尼居」。張昭謂：「畯鄙生，臣請爲陛下誦『君子之事上也』一章。」咸以爲知所誦。

《孝經》「宗祀」一語，鄭玄引《祭法》「祖文宗武」。王肅駁之曰：「審如鄭言，則經當言祖祀文王。宗者，尊也。」後儒言「尊」字有根據。

虞翻對王朗云：「孝子勾章董黯，喪致其哀，單身林野，鳥獸歸懷，海内聞名，昭然光著。」

太史叔明通《孝經》，每講説，聽者常數百人。

晉元帝太興初，置《孝經》鄭氏博士一人。愍帝崩，斬衰居廬，太陽陵毁，素服哭三日。時玉册見於臨安，白玉、麒麟、神璽出於江寧，日有重暈，竟全吴楚，中興晉室。其作《孝經傳序》曰：「天經地義，聖人不加；原始要終，莫踰孝道。能使甘泉自涌，鄰火不焚，地出黄金，天降神女，感通之至，良有可稱。」

穆帝永和十二年二月，帝講《孝經》。升平元年三月，又講《孝經》，親釋奠於中堂。時鳳凰將九雛見於豐城，後復見衆鳥隨之。廟號孝宗。

康獻皇太后崩，朝臣疑所服。學博徐藻議曰：「『資父事君，而敬同』，今上既恭奉康、穆、哀皇之祀，太后之服，豈容有異？」詔從之。

褚太后見父，胡訥議從邴原，徐禪、何充議從鄭玄，司徒蔡謨引經曰：「『天子必有尊也，言有父也』，今皇太后雖臨朝，王者之父，本無拜禮。」何充又奏：「鄭議爲已行之舊典。」太后詔：「具所啓舊典，誠無以相易，然此實所悚懼不寧者也。」

安昌侯攸所生父卒，哀毁，杖而後起。左右雜稻米、乾飯，與理中丸同進。泣而不受。太后自往勉諭，司馬稽喜又諫，皆曰：「毁不滅性，聖人之教。」攸不得已，强爲之飯。

皇甫謐得瓜果，輒進所後叔母任氏。任氏曰：「《孝經》云『三牲之養，猶不爲孝』。何爾魯鈍之甚！」因對之流涕。謐乃感激，始有高尚之志，躬稼著述，號「玄晏先生」。謐死，舉牀就坑，唯賫《孝經》一卷，示不忘孝道，曰：「使魂爽與元氣合靈。」

許孜年二十，師事豫章太守孔沖，受《孝經》。還鄉，聞沖亡，奔赴，蔬食執役，心喪三年。俄而二親殁，建墓東山，負土，列植松柏。每一悲號，哀感物類，鳥獸謂之翔集。忽有鹿犯其栽松，輒悲嘆不止。明日，見有猛獸噬而置所犯松下。邑人號其居爲「孝順里」。

祁嘉字孔賓，依《孝經》作《二九神經》。在朝卿士、郡縣守令彭和正等受業拜牀下者二千餘人。

范宣年八歲，後園挑菜，誤傷指，大啼。人問：「痛耶？」答曰：「非爲痛。身體髮膚，不敢毁傷,是以啼耳。」

孫綽曰:「周孔之教,以孝爲首,本立道生,通於神明。故子之事親,生則致其養,没則奉其祀。孝之爲貴,貴能立身行道,永光厥祀。若匍匐懷袖,日用三牲,而不能令萬物尊己,舉世我賴,以之養親,其榮近矣。」

傅咸《孝經詩》曰:「立身行道,始於事親。上下無怨,不惡於人。孝無終始,不離其身。三者備矣,以臨其民。以孝事君,不離令名。進思盡忠,義則不争。匡救其惡,災害不生。孝悌之至,通於神明。」

庾衮字叔褒,非法不言,非道不行,事親以孝稱。同族庶姓奉以爲主。後至林慮山,比及期年,人亦歸之。卒,同保皆慟哭呼天。

宋雷次宗,字仲倫。元嘉十五年,詔以次宗篤志希古,經明行脩,自絶召命,守志隱約,加散騎侍郎。徵詣京邑,爲築室於鍾山,謂之招隱館,使爲皇太子、諸王講《孝經》《禮・喪服》。素因不入公門〔一〕,使自華林東門入延賢堂就業焉。

〔一〕按《宋書》雷次宗本傳作「使爲皇太子、諸王講《喪服》經。次宗不入公門」。

南齊王儉答陸澄書曰：「疑《孝經》非鄭所注，僕以此書明百行之首，實人倫之所先，《七略》《藝文》並陳之六藝，不與《蒼頡》《凡將》之流也。意謂可安，仍舊立置。」

周顒爲給事中時，王儉講《孝經》，未畢，舉以自代，學者榮之。

張融至孝，父母殁，皆負土成墳。將死，遺令左手執《孝經》，使人捉麈尾復魄，以爲凌雲一笑。

劉瓛當高帝踐阼，召入華林園，問以政道。答曰：「政在《孝經》，宋氏所以亡，陛下所以得之是也。」帝嘆曰：「儒者之言，可寶萬世。」

《顧懽傳》：有病邪者問懽。懽問：「家有何書？」曰：「有《孝經》。」懽令取「仲尼居」置病者枕邊，恭敬之。病者遂瘥。後人問其故，曰：「善禳惡，正勝邪，所以瘥也。」

梁武帝生知純孝。六歲母亡，水漿不入口三日。及聞父憂，倍道星馳，形容消毁，服内唯食大麥，日止三溢。及居尊位，即於鍾山造大愛敬寺。帝注《孝經》，國子博士蕭子顯表置《制旨孝經》助教一人，生十人，專通帝所什《孝經》義。四方郡國，趨學嚮風，雲集京師。大同七年詔曰：「『用天之道，分地之利』，蓋先聖之格訓也。凡是田桑廢宅没入者，公創之外，悉以分給貧民，皆使量其所能，以受分田。」祀南郊，忽聞異香，隨風三至。及迎神畢，有神光圓滿壇上，朱紫黄白，食頃乃滅。駕謁建陵，有紫雲蔭陵上，食頃乃散。帝望陵流涕，所霑草皆變色。陵傍有枯泉，至是水流出，香潔可掬。又嘗夢朝服入大廟，拜伏悲感，旦於延務殿説之。何敬容對曰：「臣聞『孝悌之至，通於神明』，陛下性與天通，故感應斯至。」上極然之，便有拜陵之議。

簡文帝爲太子時，母丁貴嬪薨，水漿不入口，每哭，輒慟絶。武帝敕中舍顧協宣旨曰：「聖人之制，毁不滅性。有我在，那得如此！可即强進飲粥。」太子奉敕，乃進數合。

昭明太子統生而聰叡。三歲授《孝經》《論語》，五歲悉能諷誦。素仁孝，自出宫，常思戀不樂。八歲於壽安殿講《孝經》，盡通大義。及長，燕居東宫内殿，坐起恒向西南面臺。被召當入，危坐達旦。舊制，太子著遠遊冠，詔加金博山寵之。比薨，帝臨哭盡哀，歛以衮冕。常平斷法獄，多所全宥，天下稱其仁。

蕭歸孝悌慈仁，四時祭享，未嘗不悲慕流涕，所著有《孝經義》。善於撫御，能得其下之歡心，謚曰「孝明皇帝」。

徐勉字修仁，昭明太子禮之甚重。嘗於殿内講《孝經》，臨川王宏、尚書令約備二傅，勉與祭酒張充執經，王瑩、張稷、柳憕、王暕侍講。時選極親賢，妙盡人譽。勉陳讓數四，然後就焉。爲書戒其子曰：「今日尊官厚禄，仰藉先門風範，故臻此耳。」

岑之敬五歲通《孝經》，每焚香獨坐，親戚咸加嘆異。十六，策《孝經義》，擢居高第。梁武帝省其策曰：「何妨我復有顔、閔耶？」因召入升講座，勑舍人朱异執《孝經》，唱「士孝」章。帝親自論難。之敬剖析縱横，應對如響，左右莫不嘆服。

孔僉明《孝經講説》數十篇，生徒數百人。

王元規事母孝，從沈文阿受業，十八通《孝經》，著《孝經義記》兩卷，詔舉高第。簡文在東宫，引爲賓客。每令講論，甚見優賞。除記室參軍，四方學徒不遠來講，常數十百人。

張譏十四通《孝經》，簡文在東宫，發《孝經》題，譏論議往復，甚見嗟賞。所著有《孝經義》八卷。

皇侃明《孝經》講説，聽者恒數百人。性至孝，母喪還家，常日誦《孝經》二十遍。邵陵王欽其學，厚禮迎之。

馬樞六歲通《孝經》，邵陵王素聞其名。

庾子輿五歲讀《孝經》，手不釋卷。或曰：「此書文句不多，何用自苦？」答曰：「孝者，德之本，何謂不多？」後奉父喪，至巴東淫預石，秋水猶壯，撫心長叫，水忽減退。及度,水壯如舊。

王僧孺五歲讀《孝經》,便有機警,問授者書中所述,答曰:「忠、孝二事。」欣然以爲「若爾,願常讀之」。

陳後主至德二年,出太學講《孝經》,釋奠先聖、先師,設金石樂,王公、卿士及太學生並預宴會。是年,盤盤、百濟國並遣使朝貢。

周弘正,字思行,宣帝勑侍東宫講《孝經》。太子以弘正德望素重,有師資之敬焉。著《孝經疏》二卷。

沈文阿,字國衡,察孝廉,累遷五經博士,領羽林監令。於東宫講《孝經》,所著有《孝經義》,儒者多傳其學。

謝貞有至性,年七歲,祖母病風眩,不食,亦閉口不嘗。母王氏授以《孝經》,讀訖便誦。丁父艱,號頓於地,絶而復蘇。家人懼,請長爪禪師爲貞説法,懇言:「孝子兄弟既寡,若毁至滅性,誰當養母?」自後少進饘粥。

鄭譯爲城皋郡公,與母别居。憲司劾之,詔除名,賜以《孝經》,令其熟讀,仍遣與母共居。未幾,詔譯參撰律令,復授開府,徵見醴泉宫,賜宴歡甚。當由奉詔孝母,故上意頓回如此。

徐陵子份，性至孝。陵嘗疾篤，醫禱百方不能愈。份燒香泣涕，跪誦《孝經》日夜不息，如是者三日，陵疾豁然而愈，人謂份孝感所致。

後魏孝文皇帝生時神光照室，天地氤氲，和氣充塞。四歲時，獻文患癰，親自吮膿，帝甚異之。既立，遷洛，命侯伏侯可悉陵以夷言譯《孝經》之旨，教於國人，謂之《國語孝經》。太和元年，詔曰：「朕夙承寶業，天貺具臻，地瑞並應，風和氣晼，天人交協，實賴神祇七廟降福之助。」史稱生民所難行，人倫之高致，堂堂中夏，反所不逮。謚曰「孝文」，宜矣。

太和十六年，五更游明根言曰：「夫至孝通靈，至順感幽，故經云『孝悌之至，通於神明，光於四海』，願陛下念之，以濟黎庶。」帝曰：「五更敷展德音，當克己復禮以行。」乃賜步輓一乘，食九卿之俸。

正光二年，駕幸國子學，祠孔子，以顏回配，退講《孝經》。是歲，焉耆、居密、波斯、高昌、勿吉、伏羅、高車等國並遣使朝貢。謚「孝明」皇帝。

孝明過崇佛法，郊廟之事多委有司。張普惠上疏曰：「陛下天下屬心，百神佇望。臣願明發不寐，潔誠事親，孝悌可以通神明，德教可以光四海。然後精進三寶，信心如來。

道由化深,故諸漏可盡;法隨禮積,故彼岸可登。」

孝明幸學釋奠,使王遵業預講《孝經》,弟延業録義,並應詔作《釋奠侍宴詩》,時人美之,語曰:「英英濟濟,王家兄弟。」

太子太傅亮爲帝居文明太后喪,已過朞月,毁瘠猶甚。亮表請襲輕服、御常膳。優詔答:「以苟孝悌之至,無所不通。今飄風亢旱,時雨不降,實由誠慕未濃,幽顯無感也。」

羊深字文泉,明帝行釋奠禮,講《孝經》,儕輩中深蒙引聽,時論美之。

雷紹,字〔一〕道宗。求師經年,通《孝經》,嘗讀書至「人之行莫大於孝」,乃投卷嘆曰:「吾離違侍養,非人子之道。」即還鄉里,躬耕奉養。母喪,哀毁骨立,由是知名。以功授大都督,進爵昌國伯。

辛雄有孝性,爲《禄養論》,稱仲尼陳五孝,自天子至庶人,無致仕之文,以爲宜聽禄養。書奏孝明,納之。

李彪字道固,上書言:「《孝經》稱『父子之道天性』,蓋明一體同氣,可共而不可離。

〔一〕「字」作「宗」,據《北史》雷紹本傳改。

而無情之人，或父兄繫獄無慘傷之容，子弟即刑亦無愧恧之色。寧爲同體共氣、分憂均戚之理？自今有犯，宜令子弟肉袒請罪；子弟有坐，亦令父兄引咎解職。又臣有大喪，同歡節慶，傷人子之道，虧天地之經。臣謂自今有遭父母喪者，皆得終服，吉慶一無所預。」帝覽而善之，尋皆施行。

劉廞，孝武初除國子祭酒，令執《孝經》，講於顯陽殿。雖酬答論難未能精盡，而風采音制足有可觀。尋兼都官、殿中二尚書。

陳奇始注《孝經》，其説異鄭玄，與崔浩同，頗爲縉紳所稱。

徐遵明嘗曰：「吾今始知真心所在。」乃指心曰：「正在於此。」乃居蠶舍，讀《孝經》等書，不出門院。是後，教授門徒於趙魏之間二十餘年，海内莫不宗仰。

馮亮臨終，遺戒兄子綜，殮以衣帢，左手執板，右執《孝經》，去人居數里外置尸磐石上。積十餘日，時連日大雪，窮山荒澗，鳥獸飢窘，禽蟲之跡交横左右，初無侵毁。惟有素霧蓊鬱迴繞其傍，自地屬天，彌朝不絶。山中營助者百餘人，莫不異焉。

北齊廢帝駕幸晉陽，令太子監國集諸儒講《孝經》，賚國子助教許散愁絹百疋。

南趙郡公叡，生三旬而孤，養於宫中，至四歲未嘗識生母，見之跪拜，抱頸大哭。神武謂平秦王曰:「此兒天性至孝,我子無及者。」初,令讀《孝經》,至「資於事父」,輒流涕歔欷。十歲母亡,殞絶三日,水漿不入口,長持齋戒,杖而後起。長,除都督,大爲民、兵所安。有乏水處,禱而得泉,州人至今號曰「趙郡王井」。及遇害,大霧三日。

李鉉字賓鼎,潛居討論,撰定《孝經》。歸鄉教授,奉養二親,生徒至數百人,燕趙間言經學者多出其門。

王紘年十三,見揚州刺史郭元貞,問讀何書,對曰:「《孝經》。」「其義云何?」曰:「在上不驕,爲下不亂。」貞曰:「吾作刺史,豈其驕乎?」紘曰:「君子防未萌。公雖不驕,亦願留意。」元貞稱善。

徐之才五歲誦《孝經》,八歲略通大義,裴子野嘆爲神童。

劉獻之曰:「人之立身,雖百行殊途,若能入孝出悌,不待出户,天下自知。儻不能然,雖復多聞博識,不過爲土龍乞雨,眩惑將來,其於立身之道何益乎?」

後周文帝釋奠孔子,令楊尚希講《孝經》,詞旨可觀,帝大奇之。

蘇世長十餘歲,上書言事。周武帝召問:「讀何書?」對曰:「讀《孝經》。」問:「何所言?」曰:「《孝經》云『爲國者不侮鰥寡』。」武帝善其對,令於獸門館讀書。

庾信銘周上柱國齊王憲曰：「純深之性，地義天經，忠泉出井，孝笋生庭。」

樂遜講《孝經》，頻獲賞賜。

隋主責李德林曰：「朕方以孝理天下，故立五教。公言孝由天性，何須設教。然則孔子不當設《孝經》。」

隋主嘗親臨釋奠，曰：「見宣尼之論孝，實慰朕心。」頒賜各有差。時宇文弢亦受賜。弢有《孝經注》行世。

楊玄感問孝，文中子曰：「始於事親，終於立身。」問忠，子曰：「孝立則忠遂矣。」

元善遷國子祭酒，隋主親臨釋奠，令善講《孝經》，敷陳義理，兼以諷諫。上大悦，以爲「更起朕心」，賚布百疋，衣一襲。善就講，音韻清朗，聽者忘倦，後進多歸之。

納言蘇威嘗言：「臣先人每云『唯讀《孝經》一卷，足可立身、經國』。」上深然之。

韋師少沈謹，有至性。初就學，授《孝經》，嘆曰：「名教其在兹乎！」居父母喪盡禮，州里稱其孝行。後爲汴州刺史，甚有政名。

盧操每旦具冠帶誦《孝經》一遍，然後視事。佐政寬仁，惡少感化。

唐太宗貞觀十四年，帝詣國子監，釋奠，命祭酒孔穎達講《孝經》。講畢，有詔褒美，自屯營飛騎,亦授以經。是年,野蠶繭大如柰,其色緑,凡收八千三百碩。十八年,引沂鄜諸州所舉孝廉,賜坐於御前。皇太子問以曾參説《孝經》,並不能答。太宗謂曰:「朕發詔徵天下俊異,纔以淺近問之,咸不能答,海内賢哲,將無其人耶?朕甚憂之。」二十年,命趙弘智攝司業,爲終獻。既而就講,弘智譚《孝經》忠臣孝子之義,許敬宗上四言詩以美其事。是年,玉華宫李樹連理,隔澗合枝。又有黄雲闊一丈,東西際天。

貞觀中,長孫無忌等奏議曰:「據祠令及新禮,並用鄭玄六天之義。《孝經》惟云『郊祀后稷』,别無圜丘之文。從鄭之説,圜丘之外别有南郊,違棄正經,理深未允。又《孝經》云『嚴父莫大於配天』,下文即云『周公宗祀文王於明堂以配上帝』,則是明堂所祀,正在配天,而以爲但祭星官,反違明義。」詔從無忌等議。

高宗自幼寬仁孝友,著作郎蕭德言授以《孝經》。上問:「書中何言?」高宗即舉「始於事親,中於事君,終於立身」,「進思盡忠,退思補過,將順其美,匡救其惡」數語以對。上大悦,曰:「行此,足以事父兄,爲臣子矣。」

永徽初,召趙弘智爲陳王師,講《孝經》百福殿。高宗頗躭墳典,方欲以德教加於百姓,刑於四海,乃令陳《孝經》大要,以補不逮。對曰:「『天子有争臣七人,雖無道,不失其天下』，願以此獻。」帝悦，賜絹疋、名馬。永徽之治，庶幾貞觀云。

顯慶元年，禮官議，太宗不當五人帝。長孫無忌等議曰：「謹按《孝經》『宗祀文王於明堂以配上帝』，鄭氏引解《祭法》，以宗、祖合爲一祭，又以文、武共在明堂。審如鄭議，則經當言『祖祀文王於明堂』，不得言『宗祀』也。請准。」詔書從之。

調露二年，考功員外郎劉思立始奏明經進士加《孝經》，使兼通之。

武后請「父在爲母終三年之服」。盧履冰以爲有紊彝俗，田再思以爲依今未必非也。元行沖議曰：「『資於事父以事君』，『孝莫大於嚴父』。故父在，爲母罷職齊周而心喪三年。斯制也，可以異於飛走，别於華夷。羲皇〔一〕、堯、舜，莫之易也；文、武、周、孔，所同尊也。」

太后垂拱元年，孔玄義引《孝經》之文，奏三祖同配。沈伯義曰：「《孝經》云『嚴父莫大於配天，則周公其人也。昔者周公宗祀文王於明堂以配上帝』，不言武王配之。故《孝經緯》曰：『后稷爲天地主，文王爲五帝宗也。』」開元十一年，始罷三祖同配之禮，如伯

〔一〕按「羲皇」，《舊唐書·禮儀志》作「羲、農」。

儀議。

孔玄義「嚴配」議曰：「按《孝經》云『孝莫大於嚴父，嚴父莫大於配天』，既言莫大於配天，明配尊大之天，昊天是也。」后允其議。

蔣欽緒駁祝欽明議曰：「按《孝經》云『春秋祭祀，以時思之』，此則宗廟，亦言祭祀也。據此則欽明所執『天曰祀，地曰祭，廟曰享』，未得爲定，明矣！」時無以難。

玄宗開元十年六月，頒《御注孝經》於天下。天寶三載，詔天下家藏《孝經》，精勤教習，學校之中倍加傳授。又因疏未該備，更敷暢以廣闕文，令集賢寫頒中外。其八分書立國學者，以層樓覆之。壽王通《孝經》，賜王迥質束帛、酒饌。卒成開寶之治。

玄宗曰：「王者祀天明，事地察，示有本，教以孝。奈何郊丘之禮，猶獨以祈穀爲名耶？」乃親祀后祇，黄雲蓋於神鼎，降光燭於靈壇。

開元時，凡童子科十歲以下，能通一經及《孝經》每卷誦文十通者，予官；通七，予出身。

開元時詔諸儒集議《孝經》。劉知幾請行孔傳，司馬貞力非之，獨主鄭説。後鄭説大行，外夷皆傳之。

天寶十一載，明經所試一大經及《孝經》等各有差。

肅宗寶應二年，禮部侍郎楊綰請依古察孝廉，而所習取大義，能通諸家之學，《論語》《孝經》《孟子》兼爲一經。李栖筠等議稱「綰所請實爲正論」，詔行之。

代宗時，楊綰奏言：「《論語》《孝經》《孟子》，皆聖人深旨，共爲一經。」詔行之。穆宗時，韋處厚、路隋掇《孝經》爲《法言》，帝稱善，並賜金幣。

唐制，學生以品官子孫爲之，凡治《孝經》《論語》共限一歲，試通者爲第。

于公異不能事後母，既仕，不歸省。詔賜《孝經》。

孔穎達數諍太子承乾過失，撰爲《孝經章句》，因文以盡箴諷。帝悦，賜黄金、綵絹。久之，拜祭酒，仍充東宫侍講。

褚無量擢明經，玄宗爲太子，官侍讀。釋奠日，講《孝經》，隨端建義，博敏而辨，觀者嘆服。進銀青光禄大夫，賜以章服、綵絹。母喪，廬墓有鹿，損所蒔松栢，哀號不輟。鹿爲馴擾，不復侵害。

王元感上所撰《孝經》藁草，詔諸儒公議可否。魏知古見其書，嘆曰：「信可爲指南矣。」徐堅、劉知幾、張思敬等嘉其異聞，每爲助理，聯疏薦之。遂下詔褒美，以爲究先聖之旨，世之儒宗，不可多得，拜崇賢館學士。

趙匡開元時爲澤洲刺史，上《舉人條例》：一、《孝經》德之本，學者所宜先習。其明經，以《論語》《孝經》爲之翼助。又《論語》《孝經》，名一經舉，既立差等，隨等授官，則人知勸勉。一、進士亦請令習《孝經》，其有通《禮記》《尚書》《論語》《孝經》之外，兼有諸子之學，謂茂才舉。一、簡試之時，諸皆令習《孝經》《論語》，其《孝經》口問五道，《論語》口問十道。須問答精熟，知其義理，並須通八以上行之。

徐孝克通《孝經》，有《講疏》六卷。至德中，太子入學，命發《孝經》題，詔太子北面。尚書省第多鬼怪，孝克居之，經涉兩載，妖變皆息。

薛放對穆宗曰：「《孝經》者，人倫之大本。自漢首列學官，今復親爲注解，當時四海大理，蓋人知孝慈，氣感和樂之所致也。」上曰：「聖人以爲至德要道，信其然乎。」

王漸作《孝經義》，成五十卷。凡鄉里有鬬訟，漸即詣門，高聲誦《義》一卷，反爲慚謝。後有病者，即請漸來誦書，尋亦得愈，其名藹然。

楊晏精《孝經》，手寫數十篇，可教者輒遺之。

張栖爲刺史，嘗標《孝經》以示訓，今饒州府有「孝經潭」。

廬陵讀書龍門山，有《孝經注》，每以經義決時議。

韋景駿開元中移貴鄉令，有母子相訟。告：「以少孤，見人養親，自恨終天。汝幸叨在温清，何得如此？錫類不行，令之罪也。」因垂泣嗚咽，仍取《孝經》付令習讀。於是母子感悟，各請改悔，遂稱慈孝。

鄭奕以《文選》教其子，其兄曰：「何不教他讀《孝經》？免學沈、謝嘲風咏月，污人行止。」

王質躬耕養母，年逾强仕，不求聞達，親友規之，以揚名顯親，非耕稼可致。始白於母，請赴鄉舉，登元和六年進士甲科。謚曰「定」。所至，人士重之。

張説曰：「孝在揚名，斯河東楊公之謂也。公諱執一，非躬藝黍稷，不以供甘旨；非手樹桑麻，不以薦絺綌。既極安親之心，方展事君之節。凡領郡十四，將軍十二，再杖節鉞，三執金吾，一至九卿，二兼賜坐。」

韋州刺史獨孤及七歲誦《孝經》，先秘書異其聰敏，問曰：「汝志如何？」及曰：「立身行道，揚名於後，是所尚也。不讀非聖賢之書，非法之言不出諸口。」後爲刺史，年穀屢熟，災害不作，甘露降於庭樹，二十七夕乃止。薨於位。慟哭罷市，送喪者數千人。

信州刺史蕭遇不知母墓，號哭。端居，夢母謂遇曰：「汝至孝動天，誠達星辰。」然孝子之感天達神，非唯毁形滅性，所尚由哀耳。遇因得母墓。

侍中裴光庭贈父方伯，封母晉國。張説曰：「《孝經》云『立身行道，以顯父母』，侍中有焉。」

殿中監張九皋，至性聞於州里，孝感通於神明，白雀馴狎於倚廬，黄犬號隨於行哭。王維《爲相國王公紫芝木瓜讚序》曰：「孝悌之至，通於神明，天爲之降和，地爲之嘉植。何者？人心本於元氣，元氣被於造物，心善者氣應，氣應者物美。紫芝三秀，木瓜一實。嘉應荐至，其故何祥？依仁據德，移孝爲忠。邦家之光，哀榮千古。」

衛士楊建德被差鎮，敕到之後母亡，遂廬墓側，哀毁。乃有紫芝生，白兔來馴。州司請加旌表，廉察以爲避鎮科罪。劉憲判云：「建德義貫天經，遂彰靈應。州司請加褒異，鎮類之儀載光；使局作此科繩，昧禮之情何甚。」

岳州人王懷俊，幼喪二親，廬於墓側。其地内生芝草、白兔。刺史元利濟善績著聞。廉使以爲由刺史，高思元判云：「孝通神明，誠感天地。採美竊譽，在濟雖是有心；假應移禎，於使無宜妄察。與其抑俊而揚濟，未若捨貴而褒下。仁雖通廣，孝實因心。」

劉審〔二〕少喪母，祖母元氏養之。元氏每疾，親煮湯藥，嘗而後進，語以「孝通神明，吾一顧念，輒爲稍輕」。

大曆初，覇上耕，得石函絹素古文《孝經》。初傳李白，授李陽冰，陽冰子服之授韓愈，愈據依以講。夫韓文、李詩、陽冰之篆，當世三絶，然皆一意尊經，忘其真僞也。

梓州司馬楊越遺言令薄葬，不藏珍珠，《孝經》一卷，昭示後嗣不忘孝道。

王勃《平臺秘略孝行讚》曰：「資父事君，自家刑國。孝唯忠本，忠隨孝得。履薄臨深，唯王之則。」

蘇頲曰：「孝者，貴於立身。立而不廢，則安夷險、保明哲，太社於是乎錫其風，太常於是乎書其事。」

魏徵曰：「周公大孝，備物於宗祀。聖人設教，夫豈徒哉！」

馮宿曰：「揚名顯親，教孝申敬，是爲率德，可以觀政。」

法師楊弘元難白居易云：「《孝經》云『敬一人，則千萬人悦』。凡敬一人，則合一人

〔二〕按「劉審」，新舊《唐書》皆作「劉審禮」。

悦;敬二人,則合二人悦。所悦者何義?所敬者何人?」對曰:「《孝經》所云『一人者』,謂帝王也。傳云『見有禮於君者,如孝子之養父母』。如此,則豈獨空悦?亦將事而養之也。」法師無以難。

五代博士馬縞曰:「《孝經》云『制節謹度』,唐節制皆從太府寺,准三《禮》定之。」由縞言,蓋亦准《孝經》而制器矣。

宋太宗賜李至御書《千文》。至謂理無足取,莫若《孝經》有資教化。仍御書以賜。時《孝經疏》板未備,至乞重加讎校,以備刊刻。從之。

咸平三年,命邢昺等修纂《孝經正義》。四年,以獻。賜宴國子監,進秩有差,命杭州刻板。祥符間,資善堂讀《孝經》。

仁宗命王洙書《孝經》四章,楊安國請書後屏。帝不欲背聖人之言,令列置左右。天聖、景祐、至和、嘉祐年間,壽星凡十五見,主人君壽昌,天下安寧,賢士進用。四十二年,深仁厚澤。升遐之日,雖深山窮谷,莫不奔走悲號而不能止。謚「孝明」皇帝。

皇祐四年,命丁度書《孝經·天子》《孝治》《聖治》《廣要道》四章,爲圖。

宋朝學究試《爾雅》《孝經》共十條,取通多業精者爲上。

嘉祐二年，增設明經，試法：兼以《論語》《孝經》策時務三條，出身與進士等。

元豐三年，趙君錫、楊傑、王仲修、楊完、何洵直狀曰：「《周禮》曰：『王大旅上帝，則張氈按。祀五帝，則設大次、小次。』又曰：『祀昊天上帝則服大裘而冕，祀五帝亦如之。』則明上帝與五帝異矣。則《孝經》所謂『宗祀文王於明堂以配上帝』者非可兼五帝也。請如聖詔，祀英宗五帝於明堂，唯以配上帝，稱皇帝嚴父之意。」詔如君錫等議。

《孝經》「嚴父」之議，當以錢公輔、司馬光、吕誨、孫近、朱熹之議爲正，而王珪、孫抃之諂辭不足據也。神宗謂：「周公宗祀，在成王之時。成王以文王爲祖，則明堂非以考配明矣。」王安石亦誤引《孝經》「嚴父」之文。惜乎！不能將順上意，辨正典禮。夫泥於父之名者，止二三人，而知乾父之旨者，君臣一揆，可以見人心之靈矣。

元祐二年，尚書省言：「欲加試《論語》《孝經》大義，仍裁半額，注官並依科目次序。」詔近臣集議以聞。

九月，吕公著節取《孝經》中要語切於治道者，進覽太皇太后。宣諭公著曰：「所進要義，皇帝每自書寫、看覽，甚有益，學問與寫詩不同。」范祖禹又取《孝經》要切之語以備聖札，助聖德之萬一。

紹興二年,高宗出所寫《孝經》宣示呂頤浩等。九年,宰臣乞以御書真草《孝經》刻之金石。上曰:「十八章,世以爲童蒙之書,不知聖人精微之學不出乎此。」十四年,詔諸州以御書《孝經》刊石,賜見任官及學生。

淳熙二年,下禮部太常議明堂大禮。初,李仁父主此説於前郊,會近習揚言李燾博極羣書,却不曾讀《孝經》,乃不果行。夫不讀《孝經》而誤大議,徒博何益?

八年,童子科凡全誦六經、《孝經》《語》《孟》爲上等,與推恩。

司馬光著《古文孝經指解》,嘗戲作《解禪偈》曰:「孝悌通神明,是名作因果。」一日省墓,止餘慶寺,有父老五六輩獻粟米菜蔬,復請曰:「願聞資政講書,以爲鄉里之訓。」光欣然取紙筆,書《庶人章》誦之。

范祖禹,元祐中侍經筵,上《古文孝經説》,嘗曰:「《孝經》道之根本,學之基址,其言近,其旨遠,其守約,其施博。自微至顯,自小至大,自『身體髮膚受之』至於『嚴父配天』,自『親生之膝下』至於『天下和平』,自『事父母』至於『天地明察』『通神明』『光四海』。充其道者,大舜、文王、周公也。」

程子因禮部看詳武學,制添習《孝經》。或疑迂闊,曰:「其添入者,欲令武勇之士能知義理，未足爲迂闊。」

尹焞曰：「《孝經》『事父孝，故事天明；事母孝，故事地察。天地明察，神明彰矣』。道至通神明、光四海，非堯舜大聖不能盡此。」或以語伊川，伊川曰：「極是，縱使某説，亦不過如此。」

屏山先生劉子翬，朱子之師也。其言曰：「孝子之心，萬慮俱忘，唯一敬念而已。念之所通，無門無旁，塞乎天地，横乎四海，莫知其紀極也。昔人有發塚而夢通、齧指而心動者，在其知覺中有如影響。至於鬼神之秘，禽魚之微，草木之無知，皆可感格，非譎異也。敬心既純，大本發露，虚明洞達，躍如於兢兢肅肅之中。此至孝之士所以行成於外，而性修於内也。曾子之孝也，立身揚名，唯此一節，平日服膺，念兹在兹而已。」

朱子幼讀《孝經》，手題曰：「若不如此，便不成人。」後雖稍疑其誤，而於首章則斷以爲經文，於卒章則贊以爲精妙，於《紀孝行》《五刑》《感應》等章則並以爲格言，未嘗不尊信而表章之也。其跋《屏山遺帖》云：「老大無成，不能有以仰副當日付授之意；抱此愧恨，每念無以見先生於地下。今病已力，何所復云！」其晚年之悔深矣。

陸九淵謂：「《孝經》十八章，聖人踐履實地，非虚言也。」作《天地之性人爲貴論》。其弟子楊簡傳其學，作《孝經解》。簡弟子袁廣微，爲諸生説《孝經》。諸生録之，凡三卷。嘗曰：「吾觀草木之發生，禽鳥之和鳴，與我心契，其樂無涯。」

蘇洵曰：「夫子言孝，謂之《孝經》，皆自明之，則夫子私之也。洵蓋實信其爲孔氏之書矣。」

勾中正受詔，以三體書《孝經》摹石。咸平三年，表上之。真宗召見，便殿賜坐，嘉嘆良久，賜金紫，命藏於秘閣。

龍昌期，蜀人，嘗注《孝經》。嘉祐中，詔取其書，野服自詣京師，賜緋魚、絹百疋。

宋綬，爲人孝謹。太后命擇前代文字可贊孝養、補政治者以上，遂録《孝經節要》，并他書以上。后納之。

崔遵度七歲好學，仁宗開壽春王府，拜爲王友。授王《孝經》，賜御詩寵之。

紹興中，王棐獻《孝經解義》，詔賜粟帛。

程全一進《孝經解》，命爲太學職事。

林獨秀進《孝經指解》，賜束帛。

田敏，生平篤於經學。嘗使湖南，以印本經書遺高從誨，謝以：「但能識《孝經》耳。」

敏曰：「讀書何必多？如《諸侯章》『在上不驕，高而不危；制節謹度，滿而不溢』，其言至要，切中當時之病。」誨大慚。

馮元，字道宗。執親喪，自括髮至祥練，悉倣古禮，不爲世俗齋薦。遇祭日，與門生講説《孝經》。嘗夢異人與紺蓮花，使吞之，曰：「善讀此，必大顯。」後爲翰林學士，贈户部尚書，謚「章靖」。

趙景緯，天性孝友。知台州，先務化民成俗，取《孝經·庶人章》爲四言咏贊，俾民朝夕歌之。旌孝行，作訓孝文，民皆守其矩度。進考功郎官。

孫覺，字莘老，直集賢院，爲昌王府記室。王問終身之戒，陳《孝經·諸侯章》，復作《富貴二箴》。稱爲知理，擢右正言。

王居安，自幼聰慧，讀《孝經》，即知夫子教人以孝。劉孝韙曰：「子異日名位必過我。」後爲大中大夫，贈少保。所論著，人以爲名言。

尹夢龍，事親以孝聞。母喪，負土爲墳，結廬其側，手書《孝經》千餘本，散鄉人讀之。有羣烏集其墓樹。

徐國和譔《至孝通神集》，記孝感事。通神者，通於神明之謂也。

王嗣宗以太尉致仕，睦宗族，撫諸姪如己子。至死，猶令以《孝經》、弓劍、筆硯置壙中。子堯臣、唐臣皆爲顯官。

徐積字仲車。三歲，父石死，旦旦求之，甚哀。讀《孝經》，輒涕淚不能止。

陳宗年十六，母病篤，刲股爲餌，病愈。已而復病不救，宗一慟而絶。郡守陸德輿云：「陳宗自毁其體，哀慟傷生，非孝道之正，而亦天性之至。」爲題曰「陳孝子墓」。

皇明太祖高皇帝以孝治天下，見解縉《養志堂記》。至於振木鐸而勸百姓以孝順，因巢鵠而令百官以歸養，乃經中《孝治》之一節也。是以在位三十餘年，百祥雲集，吏清民安，海内殷富，功德文章，巍然焕然，過古遠矣。謚曰「大孝」，蓋與虞舜比隆云。

馬皇后《勸世書·嘉言篇》多採《孝經》之言。皇太子及漢王、趙王再拜恭受，退即焚香啓誦，惕然悚敬，咸稱母儀萬方，化行四海。謚曰「仁孝」。

成祖文皇帝以孝治天下，見《孝順事實》一書。「天經地義民行」之旨於黄香發之，「身體髮膚，不敢毁傷」之旨於范宣發之，「疾致其憂，喪致其哀」之旨於張稷發之，「生事愛敬，死事哀戚」之旨於孝肅發之，「立身行道，揚名顯親」之旨於日知、永叔發之，「事親孝，故忠可移於君」之旨於玄暐、九齡、高登發之。至於孝爲德本，則四見意焉；孝通神明，則屢致歎焉。乃若「天性」二字闡發猶明，謂學以涵養其性，非性由學而有也。又於王中之論，叙獨祥焉。其曰：「《孝經》者，聖賢之格言大訓。」又曰：「孝者，百行之原，萬善之本。其道，《孝經》一書備矣。」表章此經如此。故禮樂明備，教化大行，上下咸和，年穀屢豐，道不拾遺，人無争訟，海外諸夷受命爲王者三十餘國。謚曰「至孝」，殆「無所不通」之謂與。

宣宗章皇帝《五倫全書》多引《孝經》語，蓋尊尚此經云。當時羣賢效用，百姓相安，龍駒瑞麥嘉禾之祥，駢集京師。

《大明會典》曰：「地之美者，神靈必安，子孫必盛。所謂美者，土色之光潤，草木之茂盛，他日不爲道路，不爲城郭，不爲溝池，不爲貴勢所奪，不爲耕犁所及，即所爲美地也。古人所謂『卜其宅兆』者正此意。」

陸釴云：東宫嘗念《高里經》，而内侍覃吉適至東宫，駭曰：「老伴來矣。」即以《孝經》自携。吉跪曰：「得無念經乎？」曰：「否。吾纔讀《孝經》耳，蓋知《孝經》非他經比也。」

宋濂爲孫蕡作《孝經集善序》，曰：「其書當可傳誦」及序《祖訓》，授經太子，未嘗不言孝。史稱太子寬大仁明，天下歸心愛戴，皆濂之功。海外諸國朝貢，必問公安否。

宋濂曰：「趙應祥者，求父塚不得，解髮係鞍上，祝曰：『至父墓，鞍即墜。』未幾，墜。

發視，果父也。《傳》曰：『孝悌之至，通於神明。』此之謂矣。」

王禕著《孝經集説序》曰：「教孝必以《孝經》爲先，是書大行，必人曾參而家閔損，有關於世教甚重。」其子紳奏父死節，謂陛下方隆孝治，是先臣獲伸之日也。孫稌亦有至行，門人私謚「孝莊先生」。庶幾其家之曾、閔，聞教而興者乎。

王守仁見禪僧坐關，喝之，驚起，問其家，對曰：「有母在。」曰：「起念否？」曰：「不能不起。」守仁即指愛親本性論之。僧涕泣謝。明日問之，僧已去矣。其門人之言曰：「受命如舜，無憂如文，繼志述事如武、周，格帝享廟，運天下於掌，舉由孝悌以通神，無二塗轍。故曰：『夫微之顯，誠之不可掩如此』。」

陳選言動循禮，誨訓生徒，必求踐履。嘗注《孝經》。人畏之如神明，思之如父母。被誣，械上京師，嶺南人挽留者千萬人，徒步日夜從選者數百人。

或問趙汸曰：「《孝經》所謂『卜其宅兆而安厝之』者，果爲何事？」對曰：「聖人之心，吉凶與民同患也，而不以獨智先羣物。故建龜筮，以爲生民立命，而窀穸之事，亦得用焉。」

東陽婦徐瑩者，夫歿，撫遺孤，累年晝夜泣。有爲言「禮，婦人不夜哭」者，遽曰：「敢蹈非禮耶？」間誦《孝經》，以節哀痛。瑩善用此經如是。彼視爲《蒼頡》《凡將》，而以四庫五車濟七情之私者，愧此女子矣。

李夢陽《遵道録序》曰：「葉子有言，誠非由於中，雖日用三牲，非孝也。斯善識真者也。」

黄省曾曰「夫《孝經》者，彌括天地，樞領道德，六藝之貫歸，而百王之鴻範也。仲尼遡風象於唐虞，而吐精藴於曾參，生民之理不越於兹。慨夫秦人叛聖，方典焚銷；漢解挾書，殘文稍顯。故顔貞出家承之簡，長孫興居侍之學。迨於古帙開於宅壁，全義微乎《閨門》，幸遘孔氏之英，丕闡先人之旨。由是安國、子政，兩授俱隆。厥後蕭梁播蕩亡逸，隋儒王氏購之市人，流及開元，羣卿訟議。劉子玄嘉孔傳而存古，司馬貞鄙炫釋而尚今。迺信流濁而疑源，棄形端而執影。重經酌本，二子蔑如」云云。省曾者，李夢陽所稱天動才運，萬人敵也。彼豈下行秘書，而甘習此《凡將》語哉？良由玄畀獨完，靈知夙授，琰戴此經，粃睨羣籍耳。翰卿詞客，毋鄙斯文。

附集

遼耶律石柳，字酬宛。天祚初，召爲御史中丞，上書：「陛下詎可忘父讎不報？傳曰『聖人之德，無加於孝』，今大冤不報，怨氣上結，水旱爲沴。臣願求順考之瘞，盡收逆黨，以快四方忠義之心。」書奏不報，聞者莫不歎惋。

金世宗時，尚書省奏鄧州民范三毆殺人，當死，而親老無侍。上曰：「『在醜不争』謂之孝，孝然後能養親。若以一朝之忿忘其身，寧能事親乎？可論如法。親，官與養濟。」

海陵一日因誦《孝經》，忽語人曰：「經言『三千之罪，莫大於不孝』，主何而言？」其人對曰：「今民家子博弈飲酒，不養父母，皆不孝也。」海陵子光英黯然良久，曰：「此豈足爲不孝耶？」其意蓋指海陵弑母之事。海陵内媿，不知所答。

移剌履進古文《孝經指解》，曰：「後世人君取其辭，施諸宇内，則元元受賜。」俄召爲學士，以錢五十萬送學士院，學者榮之。

元成宗大德十一年，賜諸王《孝經》，曰：「此乃孔子之微言，自王公達於庶民皆當由是而行。」命刻板模印，諸王以下咸賜之。

許衡曰：「事親大節，致愛、致敬尤急。天子之孝，推愛、敬之心以及天下。亦唯此二事，能刑於四海，固結人心。捨此，則法術矣。」

顔輝小楷《孝經》在吉安府，世寶傳之。

李孝光，字季和。隱居雁宕山，四方從學者衆，聲譽日聞。至正七年，詔徵隱士，以秘書監著作郎召，見順帝於宣文閣，進《孝經圖説》。順帝大悦，賜上尊。

黄氏字集義，通《孝經》。既歸楊戴，至而舅姑皆殁，事大舅謹，十載如一日，由是鄉黨皆稱爲孝婦。能移事舅姑之孝而事大舅，此非深於《孝經》者乎？

段天祐吉父之母劉，雙目失明。吉父中鄉舉，一目忽自見物，及第，一目又如之，不自知其然而然。陶宗儀云：「傳曰『立身揚名，以顯於後世，孝之終也』，其此之謂焉。」

劉節婦，衡水人，通古文《孝經》。紅巾賊至，持刀驅之行。節婦不從，乃陳金玉珠璣，仍用錦綉被其身，節婦碎裂之，竟遇害。是能移孝爲節者也。

高麗國王昭遣使貢《別叙孝經》一卷，《皇靈孝經》一卷，《孝經雌圖》一卷。雖外夷，猶知經名而倣之，亦人心之靈也。

外國火州有《孝經》,亦知誦習此經云。

車師國,一名高昌,有《孝經》學官,子弟以相教。

日本國僧奝然,雍熙元年來進《孝經》一卷,《越王孝經新義第十五》一卷,皆金縷紅羅褾,水晶爲軸。《孝經》即鄭氏注者; 越王乃唐太宗子越王貞,「新義」者,記室參軍任希古等譔也。奝然,姓滕原氏。

《釋梵綱經》曰:「孝順,至道之法。」

《牟子理惑論》云:「孔子不以五經之備,復作《春秋》《孝經》者,欲博道術、恣人意耳。或又問曰:『《孝經》言「身體髮膚,受之父母,不敢毀傷」,今沙門剃頭,何其不合孝子之道也?』牟子曰:『《孝經》曰「先王有至德要道」,而泰伯斷髮文身,孔子稱之「其可謂至德矣」。仲尼不以其斷髮毀之也。』又問:『孔子作《孝經》,服爲三德始。今沙門何其乖垂紳之飾也?』牟子曰:『三皇之時,衣皮穴處,然其人稱敦龎而無爲,沙門似之矣。』又問:『佛家輒說「生死之事,鬼神之務」,殆非聖喆語也。』牟子曰:『《孝經》曰:「爲之宗廟,以鬼享之。春秋祭祀,以時思之。」又曰:「生事愛敬,死事哀戚。」豈不教人事鬼神、知生死哉?』」

慧遠詰周武田退、僧還家、崇孝養者：「孔經亦云『立身行道，以顯父母』，即是孝行，何必還家？」帝曰：「棄親向疏，未成至孝。」遠曰：「陛下左右皆有二親，何不放之？」帝曰：「朕亦依番上下，得歸侍養。」遠曰：「佛亦聽僧春秋歸家侍養。」

慧琳有《孝經注》，又著《辨正論》云：「《孝經》者，自庶達帝，不易之典。從生暨死，終始具焉。略十八章，《孝治》居其一揆。吏任所奉，民胥是賴。貫通神明，釐導風俗。先王奉法，則乾象著明；哲后尊親，則山川表瑞。遂有青鷹合節，白雉馴飛，墳栢春枯，潛魚冬躍。行之邦國，政令刑于四海；用之鄉人，德教加於百姓。故云『孝者始於事親，中於事君，終於立身』也。秦懸《吕論》，一字翻成可責；蜀掛《揚言》，千金更招深怪。唯《孝經》川阜無貲，功侔造化，比重則五嶽山輕，方深則四海流淺，風雨不能亂其波濤，虚空未足棲其令譽。」釋氏之極贊《孝經》如此。

圭峯宗密禪師曰：「始於混沌，塞乎天地，通神人，貫貴賤。儒釋皆宗之，其唯孝道矣。一，『居則致其敬』者，儒則别於犬馬；釋則舉身七多。二，『養則致其樂』者，儒則怡聲下氣、温凊定省等，故有扇枕温席之流；釋則節量信毁、分減衣鉢等，故有割肉充饑之類。三，『病則致其憂』者，儒中如文帝先嘗湯藥，武王不脱冠帶；釋中如太子以肉爲藥，高僧以身而擔。四，『喪則致其哀』者，儒有武丁不言，子皋泣血；釋有目連大叫，調御舁棺。五，『祭則致其嚴』者，儒有薦笋之流；釋有餉飯之類。立於祭法，令敬事於神靈，神靈則父母之識性足顯，祖考之常存。既形滅而神不滅，豈厚形而薄神乎？」密後坐化，儼然如生，容貌益悦。茶毗初得舍利數十粒，明潤而大。柳公權爲之碑。

遇榮曰：「『孝無終始』者，逆推孝行，法爾常規，故無所始；順推孝行，盡未來際，故無所終。」

興化紹清禪師上堂：「髮膚身體，弗敢毀傷，此魯仲尼之孝也。作麽生是興化之孝？且道我母即今在甚麽處？」

契嵩作《原教孝論》曰：「天地與孝同理，鬼神與孝同靈，故天地鬼神，不可以不孝求，不可以詐孝欺。故曰：『夫孝，天之經也，地之義也，民之行也。』」抱其書上之，仁宗詔「付傳法院編次」，以示褒寵，仍賜明教之號。

海雲大士印簡，七歲授以《孝經·開宗明義章》，乃曰：「開者何宗？明者何義？」親驚異，知非塵勞中人。

釋氏曰：「孝者，所以通神明，廣四海。百行之立，孰先此乎？」

道紫陽真人周義山，年十六隨父在郡，始讀《孝經》，語其父曰：「義山中心好日光長景之暉。」是以拜之，還常山石室中齋戒念道，積九十餘年，乘雲駕龍，白日昇天。道書《抱朴子》曰：「仲尼以明義首章，明之與神合體，非純仁所能企及也。孔子曰『昔者明王之治天下』，不言仁王。」又曰：「保髮膚以揚名者，孝人也。」

陶弘景七歲讀《孝經》，後復加箋釋焉。養志山阿，多歷年所。羽人裴徊，芝英豐潤，竟尸解去，授蓬萊仙監。

諶母曰：「吾受孝道明王之法，以孝爲本，當授神仙。」許遜乃擇日盟授其徒。若吴猛之夏不驅蚊，恐去噬親；黄仁覽之從仕千里，夜歸膝下。甘戰之推孝行，彭抗之察孝廉，盱烈之善事母，陳勳之字孝舉。蘭公所謂「孝至於天，日月爲之明；孝至於地，萬物爲之生；孝至於民，王道爲之成」。諸真蓋得其旨，而與經所謂「貫三才」「光四海」者合矣。其後應龍沙八百之讖者曰：「劉玉受净明忠孝大法於遜，傳黄元吉、徐慧、趙宜真、劉淵然，一時宗之。」夫則天之明，移而爲忠，不毁而稱孝，通神返本，全歸成真，是其教之崖略也，虞集嘗信服焉。

或問於黄先生曰：「今有學者久别父母，求仕千里之外，自以立身、揚名、顯親藉口，果可謂之孝乎？」黄曰：「但知仕宦，不顧父母之養焉，得謂之孝道？」虞集稱其清虚日來，滓滅日去。後尸解，返玉真之墟。

韋節注《孝經》，復撰《精思法》，因號精思法師。已而廬於東嶺，屏諸喧雜，忽彩雲覆廬，寂然解化。

潘師正母病危，師正捧母手曰：「若天奪慈顔，某亦不能生。」母曰：「汝若毁滅，非盡終始之孝也。」師正良久曰：「忍死强生，當從真教以爲津梁。」居山，洗心忘形，與草木俱。嘗曰：「吾居北巖，降真者三矣，能精一者自知之。」夫是之謂通於神明。後雲氣覆庭，異香滿室而化。

全真教重陽子王中孚，勸人誦《孝經》，可以修證。其徒劉長生則謹事孀母，丘長春則稱説大孝，尹清和則展墓悟道，范圓曦則露處墳側，周舍道則割股愈疾，崔道演則純孝著聞，潘志源則孝養誠敬，毛養素則事父敬謹，趙抱淵則事母至孝。彼宗所謂北派者，其崇尚《孝經》如此，後皆證真云。

丘處機長春子謂元太祖曰：「嘗聞『三千之罪，莫大於不孝』。今聞國俗，於父母未知孝道，帝宜教戒之。」上集太子諸王，諭以處機詔，且曰：「天遣神仙爲朕言，此汝輩各銘於心。」

道書曰：「孝誠之至，通乎神明，光於四海，有感必應，善事父母之所致也。」

今夫兆心一靈，其好不二，之其所好而僻焉者四，而靈亦集焉。珠之魚目，寶之燕石，非尚矯僞也，炫人好也。是故有蝌斗經，好古者炫之，一矣。女之堯舜，今之曾參，非辱聖喆也，示慕好也。是故有《大農孝經》《正順孝經》《女孝經》《武孝經》《酒孝經》之屬。豈其朱紫，庶幾有若之似，二矣。食之疲，衣之副，非務侈羨也，極嗜好也。是故有張士儒《衍孝經》、徐浩《廣孝經》，懼蠹之恥，藏以待之，三矣。鬼神之繪，父祖之模，非飾丹青也，致尊好也。是故緯有《孝經古秘圖》《口授圖》《左右契圖》《星宿講堂七十二弟子圖》，梁有《孝經圖》《孔子圖》，唐有《應瑞圖》，宋皇祐、紹興之間有《孝經四章圖》《資善堂孝經圖》。雖誕若《雌圖》，鄙若《女孝經圖》，而龍眠之流，猶獻技焉，非至篤好，何以若是？四矣。乃若好中印之梵者譯，《晉孝經》《魏孝經》，譯也；好體要之辭者選，韋法言、范要語，選也；好之至、好莫加焉者標，王儉《七志》，《孝經》爲初；何休二學，《孝經》居一。命曰「孝標」，標也。鄭氏云:「《孝經》者,三才之經緯,五行之綱紀,六經之總會。」知此而好,好孝者無以尚之,此其靈歟。魯之麟,亮之豸,共王之壁之蠹,何事能好,將無靈哉?天地之性,人爲貴,物次焉。靈也,述《集靈》。

鴻校《集靈》，唯六朝、五胡靈驗最多，蓋當時君臣咸重，士庶同尊，寔繇歷代表章此經，以此定謚舉士，又得百家羽翼，故靈驗疊見。至宋王安石立五經，獨黜《孝經》不用，湮没五百餘載，唯蒙稺習之。雖人心之靈未泯，而天下學士不復知有是經矣，其靈安得悉載於典籍乎！

禹杭虞淳熙述
武林朱鴻校
泉亭陳廣酚書

孝經集終

附《孝經集靈》四庫提要

孝經集靈一卷　編修程晉芳家藏本

明虞淳熙撰。淳熙字長孺，錢塘人。萬曆癸未進士，官至吏部稽勛司郎中。《經義考》載淳熙有《孝經邇言》九卷、《今文孝經説》一卷，今皆未見。此書專輯孝經靈異之事，如赤虹化玉之類，故曰「集靈」。夫釋氏好講福田，尚非上乘，況於闡揚經義而純用神怪因果之説乎？其言概不詁經，未可附於經解，退居小説，庶肖其真。至其採録顛舛，如張角作亂，向栩上便宜，不欲國家興兵，但遣將於河上北向讀《孝經》，則賊當自消滅一條，乃嗤鄙之事，古來傳以爲笑者。亦收爲靈蹟，殆信爲賊果消滅乎？

孝經邇言

【明】虞淳熙　撰
徐　瑞　點校

點校説明

《孝經邇言》一卷，明虞淳熙撰。淳熙，生平事跡見前《從今文孝經説》。據《孝經總類》本卷末朱鴻識語，虞氏成《孝經邇言》，「建《全孝》《宗傳》二圖，立《提綱》《彙目》」云云。今《孝經總類》本首《宗傳圖》《全孝圖》《孝字釋》《全孝心法》《傳經始末》《全經綱目》等五篇。次《孝經邇言》，先列今文《孝經》，去題名、章第，其下以講經體串講經義，用語爲通俗白話，在宋元明清諸家注經中别具一格。卷末爲《孝經彙目》，有「齋戒事親之目」「齋戒事君之目」「齋戒事天地之目」「五刑章之目」。

是書《千頃堂書目》《明史·藝文志》《經義考》均著録有九卷。《四庫全書總目》《鄭堂讀書記》云未見，則是時流傳已漸稀。今所存有《孝經總類》本、《孝經大全》十集本，然卷帙均不足九卷之數。民國間倫明《續修四庫全書總目提要》著録萬曆刊本，云首有張位序及虞氏自序，或爲單行本，今已不見，而傳世諸本皆不載二序。本次整理，以《孝經總類》本爲底本，以《孝經大全》本爲校本。

宗傳圖

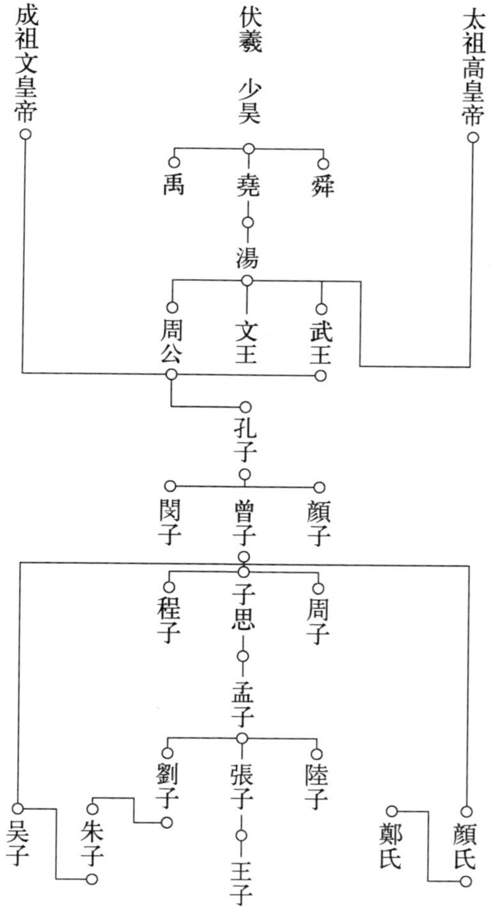
太祖高皇帝
伏羲
少昊
成祖文皇帝
舜
堯
禹
湯
武王
文王
周公
孔子
顏子
曾子
閔子
周子
子思
程子
孟子
陸子
張子
劉子
王子
顏氏
鄭氏
朱子
吳子

太昊：伏羲。首畫八卦，乾爲父，坤爲母，象「老」字；六卦爲六子，象「子」字。從老從子，合成孝字。

少昊：司徒。典教之官，名曰祝鳩氏。鳩，孝鳥也，其教專主於孝可知。

堯：陶唐氏。克明峻德，以親九族。所謂明德者，則天之明，而爲心之良知者也。

舜：有虞氏。其大孝也歟！夔夔齋慄，瞽瞍亦允若，精一之效也。堯舜之道，孝弟而已矣。

禹：姒氏。七旬格苗，法舜之孝，八年治水，蓋鯀之愆，不獨致孝乎鬼神也。

湯：子姓。顧諟明命，祗肅宗廟，祗肅必齋而沐浴。《盤銘》著日新之義矣，所以承明命也。

文王：姬姓。日三朝王季，緝熙敬止，於孝也，其純亦不已，孝於穆不已之父母耳。

武王：姬姓。其曰「惟天地萬物父母」，達本源矣。《詩》稱：「永言孝思，孝思維則。」思深哉！

太祖：我明大父母也。承帝王之大宗。每乘夜氣，振鐸而呼百姓，其元聲曰孝順父母云。

成祖：我明之大父母也。著《孝順事實》，作歌咏德，聖子神孫，世世纂承，益隆孝治。

周公：名旦。經云：「孝莫大於嚴父，嚴父莫大於配天，則周公其人也。」

孔子：名丘。作經之主。其曰：「聖人之德，無以加于孝。」孔子，聖人也。雖甚盛德，何以加此？

曾子：名參。親傳此經。啓手啓足之時，呼小子而授以戰戰兢兢守身之法，孝是也。

顔子：名回。明一陽初生之機，孔子稱其不遠復。彼知孝無不在，故事師如父。

閔子：名損。孔子贊曰：「孝哉，閔子騫！人不間于父母昆弟之言。」又與之切嗟孝道。

子思：名伋。《中庸》所載庸行庸言、順親承祭、大孝達孝、述父法祖，惟是無聲無臭之天而已。

孟子：名軻。孩提知達于天下，赤子心通于大人，其要旨也。夷之憮然受命，心知詎可晦歟？

顔氏：父名芝，子名貞。始皇酖父棄母之人，豈容經存？非芝父子以死衛之，萬古長夜矣。

鄭氏：名玄。《六藝論》曰：「孔子恐世莫知根源，故作《孝經》，總會六藝。」可謂識其大者。

張子：名載。《西銘》一書，明事親事天之孝，此《孝經》之正傳，即「天明地察」語也。

周子：名敦頤。其圖中太極，孝字從老之象也。二氣、五行、萬物，孝字從子之象也。

程子：兄名顥，弟名頤。嘗言神明、孝悌不是兩事，又言性命、孝悌惟是一事。旨哉斯言！

陸子：名九淵。其詩曰：「墟墓興哀宗廟欽，斯人千古不磨心。」又謂《孝經》聖人踐履，非虛言也。

劉子：名子翬。敬者，修性之門。孝子萬慮俱忘，惟一敬念，念之所通，無紀極也。此劉子語。

朱子：名熹。幼書經首曰：「若不如此，便不成人。」後作《刊誤》，未敢自以爲是。君子毋傳疑焉。

吴子：名澄。有《校定經注》。吴子篤信朱學，而尚疑《刊誤》之非，其見超矣。

王子：名守仁。所云「致良知」者，致孩提愛親，不慮而知之知也。是孟子正傳。

全孝圖

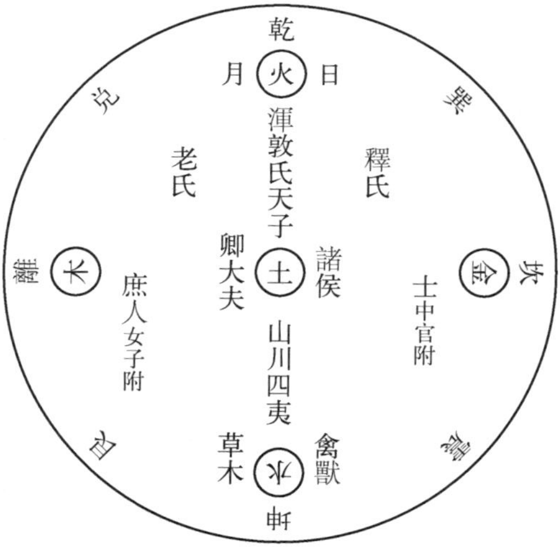

孝字從老省，從子。子在老傍，抗而不順，非孝也；老在子下，逆而不順，非孝也。老上子下，斯象形矣。規者，太虚也。規中者，其孕也，約以從老從子之象。太虚爲老，能孳萌爲子；太虚爲老，三才萬物爲子；乾爲老，坤順承爲子；乾坤爲老，六子爲子；乾坤爲老，日月五行民物爲子；日爲老，月受光爲子；日月爲老，五行民物爲子；五行生我爲老，我生爲子；山祖脉爲老，胎育爲子；川源爲老，委爲子；五行爲老，渾敦氏爲子；渾敦氏爲老，人爲子；二氏父母爲老，二氏爲子；兆人父母爲老，兆人爲子；四夷父母爲老，四夷爲子；五等之貴者爲老，賤者爲子。禽獸草木，各有牝牡雌雄，雖胎化不同，而生者爲老，受生者爲子。以老孚子，以子承老，無物非孝也。《援神契》曰："「孝在混沌之中。」曾子曰："「夫孝，推之後世而無朝夕，無時非孝也。無物不有，無時暫停，以應規也。」人言釋老，超出太虚，不拜父母。太虚無外，復何可超？即與同體，能不孳萌而爲孝乎？作《全孝圖説》。

孝字釋

○經云：「孝者，天之經也，地之義也，民之行也。」○古文作字〔一〕，子在老人膝下也。○《説文》：「孝，從老省，從子，承老也。」○《祭統》：「孝者，畜也。」○《爾雅》：「善事父母爲孝。」○《釋名》：「孝，好也。」○《疏》：「孝者，道常在心，盡其色養，中情悦好，承順無怠之義。」○《援神契》：「元氣混沌，孝在其中。」○《鈎命訣》：「孝者，就也，度也，譽也，究也，畜也。《辨正論》曰：『天子之孝曰就，諸侯曰度，卿大夫曰譽，士曰究，庶人曰畜。』」○又《鈎命訣》：「百王聿修，萬古不易者，孝之謂歟！」○子華子曰：「事心者宜以孝。」○杜欽云：「孝者，人之由靈也。」○荀爽云：「火德爲孝，其象爲離。在天者用其精則爲日，在地者用其形則爲火。夏火旺，其精在天，温煖之氣，養生百木，是其孝也。」○《白虎通》：「男不離父母何法？法火不離木也。」○張説云：「孝哉一心，混成衆妙。」○王維云：「夫

〔一〕「字」原作○，據《孝經大全》本改。

孝，於人爲和德，其應爲陽氣。」○劉子翬曰：「孝爲百行之宗，以敬爲本；敬心既純，大本發露。求其名，匹夫匹婦能焉；核其實，聖人以爲難矣。」○楊簡云：「古文『學』字即是『孝』字。」○《謚法》：「至順曰孝，五宗安之曰孝，慈惠愛親曰孝，秉德不回曰孝，協時肇厚曰孝。」

全孝心法

人在氣中，如魚在水中。父母口鼻通天地之氣，子居母腹，母呼亦呼，母吸亦吸。一氣流通，已無間隔，何況那本靈本覺的乘氣出入，又有甚麽界限處？可見此身不但是父母的遺體，也是天地的遺體，又是太虚的遺體。保養遺體之法，不過馭氣攝靈一事。馭氣攝靈，不過愛、敬二字。愛之極爲敬，敬之至爲齋。齋戒洗心，到得浩然之氣塞乎兩間，赫然之光照乎四表，方纔是個全孝，方纔叫做孝子。這是極平極易極庸極常的道理。如人目能視，耳能聽，只把做平易庸常。使一生盲聾的人忽然得此，便大驚小怪，誇張神異，然究竟來只是個平易庸常，如何添得些子。且世上有五等人，孤子、義子、失怙之子、爲人後之子與中貴人，他都恨不得親事父母。殊不如此，身既爲太虚天地的遺體，難道不是君父、繼父、繼母的遺體？昔日王祥輩但只一味孝順繼母，就有許多靈感，豈是那繼母生下他來？至于孤子，有乾坤，有君師，有宗廟，隨在皆可盡孝，隨在皆有感通。這五等人，雖無父母得事，其實與在膝下一般，若肯依着這心法行將去，何處不遇本生父母耶？

傳經始末

《孝經》是孔夫子與曾子問答之後自家做的，因說話間有「孝者天地之經」一句，故六經不名「經」，此獨名《孝經》。夫子嘗說：「吾志在《春秋》，行在《孝經》。」他不輕了自己的志，親筆做成《春秋》，豈可偏輕了自己的行，要曾子代筆，不肯親做？按《春秋》有十四年是魯哀公的事，既然因着君長作經，也可因着弟子作經了。且秦火不燒的那《繫辭》中間，屢屢稱「子曰」，或稱「顏氏之子」，不應疑他有「子曰」二字，並稱「曾子」，就說是曾子門人記的。此經傳與曾子，向後子夏的門人也傳着他，那魏文侯也曾做傳過來。不幸秦始皇燒書，孔子的子孫孔鮒、孔騰趁他未燒，藏得在屋壁裏。又有個顏芝將此經學李斯的隸字寫着，把與兒子顏貞收藏，到景帝時節，送上河間獻王。比時魯共王好造宮室，拆孔家壁子，見漆寫蝌蚪字的竹簡放在壁中。又聽得後堂樂音響，便不敢拆屋，送這竹簡還了孔家。他家子孫孔安國却不識得這字，取顏芝《孝經》比同對看，仿佛字形，證出一本蝌蚪文字，叫做「古文」。那顏芝的雖在前邊出來，只因字畫時樣，反叫做今文《孝經》。昭帝時，魯國三老進孔家古文，當巫蠱之後，無暇流傳，竹簡因而散失。成帝時，購求一次，張霸進僞古文，驗其非，斥去。平帝時，又購求一次，無應詔者。未到得東漢，古文便不傳世了，安有劉向比量今文、古文及古文亡於魏晉齊梁之説？若劉向真得古文，緣何不獻成帝，使他爲張霸所欺？若魏晉齊梁之前古文尚在，成、平二帝所購求的，更是何本？這話出隋朝《經籍志》。那時有王逸、王邵、劉炫三人通同作僞，王逸假稱在京市裏買得古文《孝經》一本，送與王邵，王邵又送與劉炫，劉炫就做《稽疑》傳播四方。已前更有荀昶、范曄妄説得授孔家經傳，因此上《隋志》附會近儒輙載劉向云云也。即如桓譚、許慎亦非實見古文，不過把張霸等僞本模寫篆文、檢查字數爲著述之資而已。且古文二十二章之僞，了了易知。方牛弘請購遺書，劉炫造僞書百餘卷，題作《連山易》《魯史記》等，録上送官取賞，被人造訐，經赦免死。他能僞造《連山》《魯史》，難道不能僞造《孝經》？隋時有人在黄鳳泉洗浴得兩塊石，頗有碎文。王邵便駕言二石皆有日月星辰、八卦五嶽及麟鳳鬼神等像，復廻互其字，作詩三百八十篇奏上。他能以無作有，難道不能以假爲真？二子平素既不足取信於人，況他增減文字、離合篇章又多淺漏可笑，更非桓譚、許慎所見的僞本矣。司馬温公不勝好古之心，替他作爲《指解》。王安石元與温公有隙，一見此舉，就故意不用《孝經》試士。獨有金章宗朝移剌履進這《指解》，畢竟中國人的，不肯家家户户妄傳也。朱文公深曉其非，初意止欲刊誤，不免通身删削一番。他心下也不自安，但言悉數所疑而爲質，幸附汪、程而免罪，欲作《外傳》而未敢耳。曰疑，曰質，曰免罪，曰未敢，豈若《四書集注》，自任庶有小補耶？吴草廬知道文公不安，從新校定一本，密藏家塾。兩公終不以所定古文爲是。至于今文，人人誦習，歷歷感通，徐份讀之而父病頓愈，馮亮執之而素霧屬天，不是怪誕，只是天心聖心，欲常行此今文故也。古文《孝經》還有此感應麽？至若篇章數目，或云四卷，或云十八章，或云二十二章，想經文千八百餘字，只好分做一十八束〔一〕。馬融做《忠經》正倣此數，祁嘉《二九神經》亦做此數。按荀昶《集疏》、明皇石刻並無章名，惟皇侃題前五章之名。看來十八章或是顔芝的舊本，曰「開宗」等，後人所增也未可知，不必深論也。嗟乎！此經一厄于秦，再厄于隋，今日見存，生民大幸。學者莫因文公之疑而疑今文，莫因温公之信而信古文。敬守舊章，以扶新運，則孝治將日光矣。

〔一〕「束」疑當作「章」。

全經綱目

此經只一章，分作兩截。自「先王」至「汝知之乎」做一截，重在教上。自「夫孝」至「終於立身」做一截，重在德上。然德本教生，乃承上起下的話；立身行道，即至德要道的事，實不可分也，《詩》總兩截意在内。下文「愛親者」至「不忒」，申明前截之意；「事親」至終篇，申明後截之意。把申明前截處細分之：五等之孝，是申「上下無怨」中含「至德要道」；《三才》一章是申「至德要道」以及「民用和睦」；「昔者明王」至「順之」，又詳五等之孝，申「上下無怨」中含「至德要道」意；「聖人之德」至「不忒」，又詳《三才》一章，申「至德要道」以及「民用和睦」意。此是前一截，重在「教」字上也。把申明後截處細分之：「五備」一節，是申始、中、終三項之孝；「居上不驕」至「大亂之道也」，乃「養則至其樂」之目，申明「身體髮膚，不敢毀傷」意；「教民親愛」至「名立於後世矣」，乃「居則致其敬」之目，申明「立身行道，揚明後世」意；「若夫慈愛」至「何日忘之」乃「病則致其憂」之類，「事父孝」至「無思不服」乃「祭則致其嚴」之目，「孝子之喪親」至「事親終矣」乃「喪則致其哀」之目，俱申明「以顯父母，孝之終也」意。此是後一截，重在「德」字上也。其申明前截中「上下愛敬」等通於後截，其申明後截中「至德要道」等通于前截。全經血脉貫通，如父母所生之子，見得分爲四肢，只是一體耳。如今但改十七章爲十六章，十六章爲十七章，便無差繆，不必因一星之失度而盡更三垣十二次舍也。略取諸家義，正之於後。

孝經邇言

陳留虞淳熙注　四明王萱校閲

仲尼居，曾子侍。子曰：先王有至德要道，以順天下，民用和睦，上下無怨。女知之乎？

這是孔夫子開陳伏羲、堯、舜、禹、湯、文、武、周公的宗旨，明説生天、生地、生人、生物的大義，只一個「孝」字都包得盡了。仲尼是孔夫子的表德，「居」是閒居時節。曾子名參，是孔夫子的徒弟，在夫子傍邊侍坐。夫子欲趁閒時盡説這孝，恐怕徒弟們將没要緊的話來問，便先向曾子説道：古先聖王有那與天下之人同得于天地的至德，把來順着天下之心；有那與天下之人同行于天地間的要道，把來順着天下之心。既是順着他，他與我似家中父子一般，都和順親睦了。天子在諸侯之上，諸侯在卿大夫之上，卿大夫在士之上，士在庶人之上，上邊的順着下人，下人那裏怨他？庶人在士之下，士在卿大夫之下，卿大夫在諸侯之下，諸侯在天子之下，這下邊的順着上人，上人那裏怨他？大家各有這至德要道，大家各去盡這至德要道，化成一片歡心，却不是大和的氣象？你還知道麽？

曾子避席曰：參不敏，何足以知之？子曰：夫孝，德之本也，教之所由生也。復坐，吾語女。

曾子離了坐席，起來回言道：曾參魯鈍，何足以知得這個道理？夫子説道：這便是你常行的孝。此孝不只是孝德，凡是道德都是他資助，都是他推移將出來。若把孝字分做五支，一支天子自行，一支到諸侯，一支到卿大夫，一支到士，一支到庶人，没有一個不孝順的，這教便生生了。譬如樹木有根本，就生枝生葉，誰人止遏得他住？你莫看得這孝小了，可再坐地，我盡與你説。

身體髮膚，受之父母，不敢毁傷，孝之始也。

人的一身四體、頭髮、皮膚不是你自己的，是父母生下你來，你親受得他的，毁傷了自身，就是毁傷了父母。雖然不該貪生怕死，豈可驕亂争鬥，觸天怒、犯王法，損壞他的遺體？須是戰戰兢兢，如抱着父母出入，方是孝子的起頭處。世人都説父精母血只結得一個胞胎，不知在母腹中呼吸相通，是你自的呼吸麽？又説換齒、剃髮、天行痘疹，皮毛一一變過，已不是初生的身子了，你還敢道面目不像父母的，性情不像父母的麽？但把那「受之父母」一句想起來，此身豈患無着落處。

立身行道，揚名於後世，以顯父母，孝之終也。

這身子既受之父母，父母受之祖，祖受之曾祖，曾祖受之高祖，高祖受之始祖，始祖受之天地，天地受之太虛。誰爲太虛？凡天、地、人、物，無窮無盡，通來只是一個太虛。全身譬如道途，路路行得；譬如聲音，處處聽得，誰能阻隔遮蔽得他？若肯立起這個萬物一體的身子，君臣、兄弟、長幼、朋友的路兒都通了，却不是行道？此人有先王、明王、聖人、君子的聲名，留傳後世，却不是揚名？好的父母配上帝之尊，不是的父母得爭子之力坐在宗廟中，世世受享，却不是以顯父母？只立得一個萬物一體之身，便無分毫虧欠處，却不是行孝道臨了的事麽？

夫孝，始於事親，中於事君，終於立身。

欲要立身，不從太虛渺茫處做起。今人一離腹中，便在膝下，此時承受父母的身子，思量不敢毀傷他的，喚做「始於事親」。堅持這不敢的意思，纔到一物不容的時節，便見得萬物一體。天子看上帝就是父母，諸侯以下看天子就是父母，既是父母了，敢不竭力奉事？他這喚做「中於事君」，已移動一步。知得事君隨分，可移將去，都是順着天下的，便把這大道行得盡，名聲播揚得遠，就喚做「終於立身」。若只説始終，不説中間一節，我這立身之法不空虛便偏僻矣，如何是孝？

《大雅》云：「無念爾祖，聿脩厥德。」

夫子説完了，又引《大雅·文王》之詩説道：可不常常念着祖宗，修那祖宗的德？正謂那文王的德，無聲無臭，與上天一般。蓋臣勸成王修這樣的德，何患自身不立？就是文王的令聞，一發遠布，一發可以配天了。你如今修的至德要道，便是那無聲無臭天之祖德。因此上事君、事親、立身都來完備，毫髮不缺也。我前番説先王有幾件事要你知，今文王豈不是你先王？觀一文王，其餘先王誰不如此？你當信我的言語不是虛説。

子曰：愛親者，不敢惡於人；敬親者，不敢慢於人。愛敬盡於事親，而德教加於百姓，刑於四海。蓋天子之孝也。

夫子引詩後又説道：如何是上下無怨？你且看諸侯之上有天子，天子的孝何如？凡人愛惜父母的身，就不敢嫌惡那衆人與我同受的身；尊敬父母的身，就不敢輕慢那衆人與我同受的身。元來我不曾有這身來，完全是天地父母的；四海百姓也不曾有這身來，完全是天地父母的。那愛敬只在自身與自家父母的身，尚未爲盡。若還立起萬物一體之身，連四海百姓的身都不惡他、慢他，至於親民，然後是愛敬的盡處，這盡處就是所得的孝。把這孝分作四支，加於諸侯以下，傳着祖宗姓氏，住着四海之内的人，人人學做孝子，人人都無怨心，誰不喜慶此事？人臣做不來，或者是上天的嫡長宗子，天底下都是他管着的，方纔事親、事天一時了當。行得這個，大孝也。

《甫刑》云：「一人有慶，兆民賴之。」

夫子説完了又引《尚書·吕刑》篇説道：天子一個人法舜之孝，不敢輕易用刑，便有禄、位、名、壽諸般喜慶的事。一人既有喜慶的事，兆民都受一人福蔭，家家和睦，個個無怨，與我前面説天子盡孝、百姓都孝的説話一個道理。汝當信之。

在上不驕，高而不危；制節謹度，滿而不溢。高而不危，所以長守貴也。滿而不溢,所以長守富也。富貴不離其身,然後能保其社稷,而和其民人。蓋諸侯之孝也。

卿大夫之上有諸侯,諸侯的孝如何?這公、侯、伯、子、男做諸侯的人,爵禄富貴是天子與他的,社稷人民是祖宗傳他的,身體髮膚是父母生他的,總來又是天地付他的。自家没一些子分,豈得自高自滿。只謂他生長豪門,習尚驕侈,一向放縱去了,如何叫做孝子?如今他爵位高似卿大夫,似乎危險;若肯反本,便能持敬,不至危險。俸禄多于卿大夫,似要傾翻;若肯反本,便出入有限,不至傾翻。既然高而不危,天子與他的貴終身不離;既然滿而不溢,天子與他的富終身不離。富以報功,貴以報德。富貴不離其身,其不驕不侈的功德,足以保祖宗傳他的社稷,和祖宗傳他民人。這社稷、民人,父母受之祖宗,祖宗受之天子,滿望子孫能保守,能和睦。他能如此,豈不是孝順的子孫也?不驕不侈到極處,連天地也孝順了。這個或者是諸侯之孝。

《詩》云:「戰戰兢兢,如臨深淵,如履薄冰。」

夫子説完了,又引《小雅·小旻》之詩説道:做諸侯的,長戰戰的恐懼,兢兢的戒謹,恰似在深水邊頭立，生怕跌下去；恰似在薄冰兒上行，生怕陷下去。這般謹慎，方得免死。可見這富貴、這社稷、這人民，不是安逸受享得的物事，就如深水薄冰無有二樣。倘或一些差遲，求生不得。所以諸侯必須不驕不侈，然後爲孝也。我説山高要墜，水滿要翻，與《詩》説深水薄冰有何分別？汝當信之。謹按：此詩之旨，是全孝心法。後來曾子口詠此詩，親傳弟子，不但諸侯可行也。

非先王之法服不敢服，非先王之法言不敢道，非先王之德行不敢行。是故非法不言，非道不行；口無擇言，身無擇行；言滿天下無口過，行滿天下無怨惡。三者備矣，然後能守其宗廟。蓋卿大夫之孝也。

士之上有卿大夫，卿大夫之孝何如？上天經常不易之法，傳與天之宗子。天子口代天言，身代天事，五服之錫亦代天命而彰有德。後王法祖，尚不敢違，那後王的卿大夫豈敢違法？只緣天子完全是天，就君父、臣子之分説來，又完全是父。孝順天子便是孝順天地、孝順父母了，何况立身保宗全在于此。爲卿大夫的人，不是先王制下合法度的衣服不敢做來穿，不是先王説過合法度的言語不敢將來説，不是先王行過的好德行不敢將來行。因這不合法度的言語不説，不合道理勾當不行。口裏説的無可簡擇，都是好言語；身已行的無可簡擇，都是好德行。説的好言語，傳滿天下也没有差了的；行的好德行，傳滿天下也没有怨惡他的。這衣服、言語、德行三件兒一齊完備，方纔是個齋明盛服、非禮不動、能立身的孝子，豈不能保守宗廟、承奉祭祀？只爲他事君一節合經常之法，連事天、事親的道理都包在裏邊，這個或者是卿大夫所行的孝道。

《詩》云：「夙夜匪懈，以事一人。」

夫子説完了，又引《大雅·蒸民》之詩説道：仲山甫修其威儀，爲王喉舌。早起晚息，一味小心翼翼，式于古訓，不敢懈惰。專專嚴事君王一個人，其明哲保身、不辱父母的道理，却已都在裏面了。我説那衣服、言行與《詩》中「威儀」「喉舌」相合，我説那法先王與《詩》中「古訓是式」相合，我説那守宗廟與《詩》中「明哲保身」相合，没有一句無證驗處，汝當信之。

資於事父以事母，而愛同；資於事父以事君，而敬同。故母取其愛，而君取其敬，兼之者父也。故以孝事君則忠，以敬事長則順。忠順不失，以事其上，然後能保其禄位，而守其祭祀。蓋士之孝也。

庶人之上有士，士的孝何如？前邊做卿大夫的致身忘家已久，誰不知忠孝是一個道理，只與他説事一人便罷，不必説資取的意思。獨那士人初離膝下，纔入仕途，尚未深曉得君父相同的原故，須與他説資取之義透徹，方肯一心一意專事君王也。但凡世人始生，無不愛母的，後來得知無父婚媾胎育不成，無父教誨道德不成，愛父的心反重了些。子如今復取事父的心去事母，斟酌來恩情一樣，豈有兩般的愛？天地是人之大父母，天子是天之嫡子，却不正是父親？如今把敬家中嚴君的心來敬國中父母，豈有兩般的敬？既是事母取父之愛，事君取父之敬，可見只有父親兼得愛敬。這「愛敬」二字，愛之極便是敬，敬之立原於愛，敬兼得愛，愛兼不得敬。事君敬同於父，亦應愛同於父。故取父子之愛事君，就唤做不忍欺君的忠了；取資父之敬事君，就唤做不敢慢君之順了。合這兩般兒，不遺失了一件去事君，就能保全士的禄位，安守士的祭祀了。總來只是一孝字。孝君時連着孝親，孝親時連着孝君，這個或者是爲士的孝道。

《詩》云：「夙興夜寐，無忝爾所生。」

夫子説完了又引《小雅・小宛》之詩説道：人生有如鶺鴒，一身首尾相顧乃得全生的；又有如蜾蠃，兩個形體相負乃得化生的。父母生我不必言了，凡全我化我的人皆有生我之恩，當得早朝起來，夜裏睡去，戰戰兢兢，無忝所生，方是孝子。我説那君父相資，豈不是全我的？我説那君父相同，豈不是化我的？不忝辱此等生我之人，豈不是士的孝道？汝當信之。

用天之道，分地之利，謹身節用，以養父母，此庶人之孝也。

世上農、工、商、賈都叫做庶人，他是天地所生的人，是朝廷所愛的赤子，其孝何如？農夫時順耕獲，百工無悖于時，商賈日中爲市，都用着這天道。農夫隨五土之宜，百工順川谷之制，商旅通九州之貨，都用着這地利。又肯謹慎，保守身己，不犯王法，樽節使用錢財，不欠租税，因此上養得父母快活，此真實是庶人當行的孝道。我説天子至士之孝，還不敢決定，自以爲是須着個「蓋」字，又要引《詩》引《書》來作證據。惟此一節是你見我聞的，又何必疑他。

故自天子至於庶人，孝無終始，而患不及者，未之有也。

這個「孝」字若還遺剩了一個人，停息了一刻兒，就有不到的去處，如何喚作「至德要道」？我看前邊五等的人，天子、諸侯、卿大夫、士、庶，没一個不行這孝。這孝有事親的時節，有事君的時節，有立身的時節，時時更改，種種不同，却元来合下便是不變不遷、没朝没夕的真體。要尋他歇尾處也没處尋，要尋他起頭處也没處尋，真個是無物不有，無時不然。世人只因日用平常忽略了他，每每患他有不到處，他豈有不到處之理？由庶人而推之夷狄、禽獸，也昧不得這心，由終始而推之夢寐、恍惚，也昧不得這心。直是無毫髮滲漏、瞬息泯滅，豈不是極至之德、切要之道？誰人去他上頭添得一物出來？

曾子曰：甚哉，孝之大也！

曾子見説前面五樣人所行的孝，無始無終，渾淪普遍，因嘆息道：「向來只説行孝便了，不知這樣廣大得極。」他心裏還疑着，未必如此極大也。

子曰：夫孝，天之經也，地之義也，民之行也。天地之經，而民是則之。則天之明，因地之利，以順天下。是以其教不肅而成，其政不嚴而治。

夫子知道曾子還信不及，一發把前邊的意思敷衍申説一番，便答他道：古人解釋這「孝」字不同小可。他説孝在混沌之中生出天來，天就是這個道理；生出地來，地就是這個道理；生出人來，人就是這個道理。因他常明，喚做「天經」；因他常利，喚做「地義」；因他常順，喚做「民行」。總來是天地經常不易、無始無終的大法，人人同禀的良知。這個良知雖暫時昏蔽，本體之明終未嘗息。所以先王出來不費纖毫氣力，但只法這天明、因這地利，把這衆人本明、本利、愛親的良知順着，衆人既不是强教他，何必整肅方纔成就？既不是强正他，何必嚴切方纔平治？我前面説「有至德要道，以順天下」，正爲他根原係天、地、人之自然故也。

先王見教之可以化民也，是故先之以博愛，而民莫遺其親；陳之以德義，而民興行；先之以敬讓，而民不争；導之以禮樂，而民和睦；示之以好惡，而民知禁。

這至德要道不過是孝，孝不過是愛敬兩件，教字不過是孝之支。先王見得上人之教不肅而成，下人便不嚴而治，是這個教真可以化民，何待外求？因此上先把這愛父、愛母極大的愛來順天下，天下的人自然不忍遺棄二親了。就將此仁愛之所統喚做德義的，與他陳説一番，衆人便都起來全修百行矣。先把這敬父、敬母的敬讓來順天下，天下的人自然不敢好勇鬥狠了。就將此敬讓之文喚做禮樂的，與他開導一番，衆人便都和順親睦。又將此禮樂之情喚做好惡的，與他披露一番，衆人都便怕犯禁令矣。曰博愛，曰德義，曰敬讓，曰禮樂，曰好惡，乃孝之支，先王之教也；曰莫遺親，曰興行，曰不争，曰和睦，曰知禁，乃先王之化民也。我説民用和睦，若不是用着這個道理，那得徑自和睦？

《詩》云：「赫赫師尹，民具爾瞻。」

夫子説完了，恐怕曾子疑心那「天地之經，而民是則之」一句，謂民自法天地便罷，又何用先王則天明、因地利，方纔成教、方纔化民？就引這《小雅·節南山》的詩説道：尹氏不過是個太師，他威光赫赫，然百姓都瞻望着他。正謂昊天不免勿順，民心不免有迷，挽回天意，俾民不迷，尚且賴着師尹，何況明明天子，四海具瞻，可不立教以化民乎？若但曉得民則天地之經，不曉得民迷天地之經，前番所説教化政治都是虛設的了。汝若有疑，當取此詩爲證。

子曰：昔者明王之以孝治天下也，不敢遺小國之臣，而況於公、侯、伯、子、男乎？故得萬國之懽心，以事其先王。

前面既説愛敬之治，民用和睦，還覺是泛説。如今又把「敬」字申明自天子以至庶人，上下無怨的意思。見愛之極爲敬，敬之極無所不通，便一步深一步去。孔夫子説道：古來明哲的君王，曉得太虛象「老」字，三才象「子」字，合來只成這一個「孝」字，就把「孝」字分出支條理治天下。没有一人不是太虛父母的遺體，却又從敬父母的遺體養起孝心，更無倒行逆施的弊病。後來畢竟反本還元，顯揚着生身的父母，譬如木從根生，枝葉暢茂，罩着本根一般。他既看大臣、小臣俱是太虛遺體了，雖小國的臣子也不敢棄，何況那公、侯、伯、子、男，人人都曉得不敢棄的？因此那萬國臣民各供其職，各獻其物，齊心懽喜，來奉事天子的先王。這懽心從孝得來，又可用他資助我這孝道，豈不是上下無怨，天子之孝？

治國者不敢侮於鰥寡，而況於士民乎？故得百姓之懽心，以事其先君。

諸侯受教於明王，知窮民俊民，俱是太虛遺體了，雖鰥夫寡婦也不敢棄，何況賢士良民，人人都曉得不敢棄的？因此上他管下許多百姓各供其職，各獻其物，齊心懽喜，來奉事諸侯的先君。這懽心從孝得來，又可用他資助我這孝道，豈不是上下無怨，諸侯之孝？

治家者不敢侮於臣妾，而況於妻子乎？故得人之懽心，以事其親。

卿大夫、士、庶人受教於明王，知臣妾、妻子俱是太虛遺體了，雖臣僕婢妾也不敢輕，何況正妻、兒子，人人都曉得不敢輕的？因此上他一家兒人各供其職，各獻其物，齊心懽喜，來奉事卿大夫、士、庶人的二親。這懽心從孝得來，又可用他資助我這孝道，豈不是上下無怨，卿大夫、士、庶人之孝？

夫然，故生則親安之，祭則鬼享之。是以天下和平，災害不生，禍亂不作。故明王之以孝治天下也如此。

凡人含怨忍辱，屈意服事于人，面前必有不甘心的顔色，背後必有不甘心的言語。這受他服事的終是不安樂，享用得也不快活。如今聚着這許多懽心去事生存的父母，父母的心裏也懽喜，有甚不安樂處？聚着這許多懽心去事亡没的父母，父母的神靈也懽喜，有甚不歆享處？聚着國家天下這許多懽心去感格我那乾父坤母，乾父坤母視聽得也懽喜，有甚氣化不和平處？但凡天降大戾，便生災生害，既是和平，就無水旱饑荒的災害了；天降大戾，便生禍生亂，既是和平，就無軍馬盜賊的禍亂了。一團和氣充滿太虛，止結成這一個孝字，豈不是明王以孝治天下的福應？先王有至德要道，而上下無怨，正是如此。

《詩》云：「有覺德行，四國順之。」

夫子說完了，恐怕曾子尚疑人各一心，因甚麽這等通貫，便露出個「覺」字來見得良知交徹的妙處，乃引這《大雅·抑》之詩説道：人能抑抑敬慎，做得恭人，方做得哲人。哲人有覺悟處，德行從覺悟處成就。他的靈覺之心，就是四方的臣民靈覺之心，心心相通有何隔碍？因此上四國順之也。我連説幾個不敢，正是這抑抑之敬。其心收斂不容一物，自然覺悟靈通，懽忻交暢矣！哲人可證明王，國順可證和平，歷歷有證，汝不須疑。

曾子曰：敢問聖人之德，無以加於孝乎？

曾子聞「有覺德行，四國順之」，已知孝爲至德，還疑《詩》是哲人之德，未是聖人之德，將謂聖人出類拔萃，應設獨有一德超於孝外，纔稱大名。所以問道：聖人的德行，更無有大似孝順的道理麽？

子曰：天地之性，人爲貴。人之行，莫大於孝。孝莫大於嚴父，嚴父莫大於配天，則周公其人也。

夫子恐怕他求聖人於人之外，便答他道：人者，仁也。如果核之仁，含着許多生意在裏邊。天地生生之心叫做性，天地之性就是人。人比天地一般，何等尊貴，真非萬物可比。他有百行，百行之中莫大於父子之孝。父生子，子養父，雖是生生的意思，還未通得到生生的根原上去。因此日日嚴憚着父親，念念收斂將回來，豈不大似那孝些？這嚴父的人直把父親比着人君，也只是天之子；徑自把來配了無聲無臭的天，再尊嚴不去了，到此已反本還原了。殊非周公這個人，纔能如此嚴父。

昔者周公郊祀后稷以配天，宗祀文王於明堂以配上帝。是以四海之内，各以其職來祭。夫聖人之德，又何以加於孝乎？

昔者周公制禮，冬至祭天，把始祖后稷來配着天；季秋享上帝，把父親文王來配着上帝。他見一陽來復，其中不移的天心就是我始祖了，便齋戒七日以迎接這生機；一陽欲剥，上邊碩果的仁心就是我父親了，便齋居九室以保全這生機。天心即仁心，仁心即天心，這點生生之心無終無始，常靈常明。乾坤父母萬物，總是一片真心，有甚隔碍處？所以海内諸侯隨念感通，都來助祭。我前面説道「得萬國之懽心，以事先王」，正是心心交敬，不是小可的德行僥倖來的。雖大聖人也只是此心此性，又豈能在人性上添一物乎？當初周公但制禮文，不敢身行禮節。後人止要明白禮義，豈宜僭用禮儀？覺悟得此禮的義，思透徹，人人可以事父配天，不必周家父子；時時可以事天事親，不必冬至、季秋。所謂「天地之經，而民則之」，我何嘗定説天子則之來？

故親生之膝下，以養父母日嚴。聖人因嚴以教敬，因親以教愛。聖人之教不肅而成，其政不嚴而治，其所因者本也。

豈惟聖人之德無以加於孝，雖聖人之教亦無以加於孝。教是孝之支條，因性誘民而已。你看周公制禮之義，一陽動後生養，至秋來，漸成尊嚴之氣，尊嚴之氣又含着生養之氣。所以人初生在膝下便愛養父母，從此日日尊嚴父母起來，却不是自然生生之理？聖人因他自然肯嚴，順着教他敬；因他自然肯親，順着教他愛，有何難處？我前番説「教不肅而成，政不嚴而治」，只爲接着他生生的本根，所以其速如此。可見這政教，就是聖人的政教，莫要看小了他。

父子之道，天性也，君臣之義也。父母生之，續莫大焉。君親臨之，厚莫重焉。故不愛其親而愛他人者，謂之悖德；不敬其親而敬他人者，謂之悖禮。以順則逆，民無則焉。不在於善，而皆在於凶德，雖得之，君子不貴也。

聖人之德、聖人之教雖無以加于孝，然必先有德于己，方纔可行教於人。此是我性中自然生生的真條理，一毫也顛倒他不得。我且與你説父子相生，豈不是上天之性？父爲子綱，豈不是君臣之義？這個天性生生不已。父母接續着天地、祖宗，生出我來，接續着父母，我的子孫又接着我，真是「孝無終始」，不比小可的接續還有斷的時節，所以謂之天性。這個大義森森難犯，看他是嚴君已是厚了，又看他是上帝更厚了一層，一層層厚到加不得的去處，不比尋常的厚還可增添，所以謂之大義。既是「續莫大焉」，誰比得這天性？若不愛其親，反愛他人，愛雖是德也，只叫做悖德。既是「厚莫重焉」，誰比得這大義？若不敬其親，反敬他人，敬雖合禮也，只叫做悖禮。這般的人本要民來法則他，不知以那該順的道理反把來逆做一場，誰肯去法則他？不惟無以成教，就是他的德看來似善，已不在善的數内矣。大凡道理，順則吉、逆則凶，假饒得了這悖德、悖禮二種凶德，與天地之性了不關涉，君子豈把來當那人爲貴之性而貴之乎？

君子則不然，言思可道，行思可樂，德義可尊，作事可法，容止可觀，進退可度，以臨其民。是以其民畏而愛之，則而象之。故能成其德教，而行其政令。

君子修聖人之德、施聖人之教，畢竟從愛敬父母上起，決不如此顛倒亂做。他發言預思使民可道，制行預思使民可樂，德義預期使民可尊，作事預期使民可樂，容止預期使民可觀，進退預期使民可度。言行、德義、作事三件都根于愛親來，容止、進退二件都根于敬親來。件件順理，件件率性，以臨其民，百姓自然畏懼他又親愛他，法則他又倣象他，這個叫做以順則順，民皆則焉。因此上君子的德教決成就，君子的政令決施行。我前面説先之陳之，導之示之，而民從，正是如此，何患不到聖人地位？

《詩》云：「淑人君子，其儀不忒。」

夫子説完了，又恐怕曾子只在德教上做工夫，只在聖人上討分曉，不知求那無聲無臭、不二不息的上天之載，所以引《曹風・鳲鳩》之詩説道：所謂善人君子者，只是收斂威儀，主一無適，與這渾然至一的天心無少差忒，便可作四方之範，享萬年之壽了。你看鳲鳩哺子，朝從上下，暮從下上，往往來來，合而爲一，無休歇的時節，然後烏鵶纔有生意。如今這點天心資始萬物、保合太和，一陰一陽、一升一降，如環如結，往往來來，合而爲一，也無休歇的時節，所以萬事萬化、萬年之曆俱從此生。汝欲到無以加的去處，但只儀一，一外更無别事。故曰：「吾道一以貫之。」

子曰：孝子之事親也，居則致其敬，養則致其樂，病則致其憂，喪則致其哀，祭則致其嚴。五者備矣，然後事其親。

把前面説話看來只是一個「敬」字，事親之道已是千足萬足了。然没有種種的節目，這敬也無安頓處。因此上孔夫子有從新向曾子説道：那孝順的兒子奉事父母不只一件，每常視於無形、聽於無聲，在在處處都是父母，一點敬心在在處處都致得盡，是他第一節事。中間把衣食去養父母，保得禍亂不作，使之安樂；把藥石去醫父母，惟恐病痛不解，深以爲憂；父母身没了，不事虚文，一心哀戚；父母袝廟了，不徒虚祭，一心齋嚴。這五件兒行得件件完備，纔是奉事父母的，這「敬」字纔有安頓處。

事親者，居上不驕，爲下不亂，在醜不争。居上而驕則亡，爲下而亂則刑，在醜而争則兵。三者不除，雖日用三牲之養，猶爲不孝也。

如何唤做「養則致其樂」？自天子以至庶人，都有父母當養，這養父母的在衆人上頭休要倚勢驕縱，在衆人下頭休要悖逆作亂，在一般衆人中休要與人争鬥。爲何如此？居上而驕，下人怨他，要亡了國家，受享大過又要亡了己身；爲下而亂，上人怨他，必加刑罰；在醜而争，同伴怨他，必加刀兵。這三件兒不除了，遭着喪亡固是毁傷，取着刑罰也是毁傷，遇着刀兵也是毁傷。既然毁傷了他的遺體，雖每日間把牛羊猪來養他，父母身體已是壞了一半，這一半受享着兒子的也不安穩，常常擔驚受怕，吃不下咽，怎的叫得他做孝順的兒子？所以養父母的必須把我的懽心去承着他的懽心，極致其樂，乃爲孝也。

子曰：五刑之屬三千，而罪莫大於不孝。要君者無上，非聖人者無法，非孝者無親。此大亂之道也。

夫子説道：我説「爲下而亂則刑」，刑已及身，雖懊悔無及了。若走在亂的路上，及早回來，猶可免於毁傷。且如五等刑法有三千條目，其間惟獨不孝的罪過極大，只緣他不顧親身，連這遺體也該替他除了。凡治大亂之獄應得如此。元來大亂的事有三件：一件無君，一件無法，一件無親。無君的只起于要求上人，無法的只起于不把聖人爲是，無親的只起于妄指孝道爲非。這幾件未到得大亂，却是大亂的路徑，畢竟要走到五刑裏去，方得歇脚。世上養親的兒子豈可差走了路頭？可見那驕與争，一定也有個路兒了。求親心之樂者戒之，戒之！此以上是不敢毁傷身體髮膚的節目。

子曰：教民親愛，莫善於孝。教民禮順，莫善於悌。移風易俗，莫善於樂。安上治民，莫善於禮。

如何唤做「居則致其敬」？這個嚴父的「敬」字是主一無適之稱，直到收斂不容一物的境界，連這一也用不着，澄澄湛湛，無我無人，與天心別無二樣，方纔謂之嚴父。那萬國之懽心接着嚴父之心，這嚴父之心又接着孝親之心。如今「養能致樂」已是孝親的了，若只教民親愛，其實莫善於此。又欲教民盡禮順的心，誰好似把孝來推之同氣的這個悌道；欲將惡風俗變做好風俗，誰好似把孝來被之聲容的這個音樂；欲奠安上人、整齊下人，誰好似把孝來著之節文的這個禮制。

禮者，敬而已矣。故敬其父，則子悦；敬其兄，則弟悦；敬其君，則臣悦；敬一人，而千萬人悦。所敬者寡而悦者衆，此之謂要道也。

此孝日嚴一日，已著於節文而爲禮了。禮只是一個「敬」字，敬便無所不通。我與你説他簡要的去處：凡疏遠者心離。父子之心元自相通，所以敬人的父母，兒子就喜懽起來；兄弟之心元自相通，所以敬人的兄，他弟輩就喜懽起來；君臣之心元自相通，所以敬人的君，他臣子就喜懽起來。至于一個路人，與千萬個路人，在此個個敬他，方纔個個喜懽。如今有個機關，只消敬一個人，千萬人一齊都喜懽起來，敬的少，悦的多，是他從嚴父配天之敬露出千萬人的根源，使人人見得，無非父子，無非兄弟，無非君臣。因此上敬着一個父親就得了萬國的懽心，豈非是極簡極要的道理？

子曰：君子之教以孝也，非家至而日見之也。教以孝，所以敬天下之爲人父者也。教以悌，所以敬天下之爲人兄者也。教以臣，所以敬天下之爲人君者也。《詩》云：「愷悌君子，民之父母。」非至德，其孰能順民如此其大者乎！

雖是簡要之道，若更説到感應的極至處，又不止千萬人悦他，這千萬人一發敬他。何以見之？君子以嚴父之孝教人明白，對他説：父子合來是個「孝」字，兄弟合來是個「孝」字，君臣合來也是個「孝」字。一霎時間把他的真心都唤醒在這裏，却又何須家家行到、日日厮見，纔知道我是父、我是長、我是君？只消這樣教他孝，因此便敬我爲天下之父了；就這孝中教他弟，因此便敬我爲天下之長了；就這孝中教〔一〕他臣，因此便敬我爲天下之君了。你不見《大雅·洞酌》的詩説道：那强教百姓的、悦安百姓的君子，百姓們都待他似真父、真母一般。詩之所言如此，假饒得千萬人的喜悦，也叫做順民，如今千萬人敬他同于父母，則爲長、爲君更不必説起，豈不大似前面説的喜悦？到此地位，殊非通三才、貫

〔一〕「教」原作「叫」，據文意改。

兩儀、與萬國的血脉周流融液，如一頃行潦，注來注去，不湮不塞，有這等極至的敬德，方纔順民如此其大，所謂「先王有至德以順天下」者此也。你且看我心由愛而敬，敬則通于民；民心由愛而敬，敬則通于我。我也敬，民也敬，豈不是「居則致其敬」？人我同敬，總來立起個萬物一體之身，豈不是「立身行道」？人人稱他父母，稱他君長，豈不是揚名於後世？

子曰：君子之事親孝，故忠可移於君。事兄悌，故順可移於長。居家理，故治可移於官。是以行成於内，而名立於後世矣。

夫子道：我前面説的是天子的事，諸侯以下又却如何？你看詩人説君子本非父母，百姓待他恰如父母，這孝豈不是可移動得的？若移這孝父母的實心去事君王，就喚做忠於君王了；又移這孝中敬兄的心去事長上，就喚做順於長上了。這敬父敬兄的心施於一家，何等整齊嚴肅！移此心上做官，就喚做能治人的官了。他居家也敬，移去居一國也敬，移去居天下也敬，「居則致其敬」如此，是行成於一念敬心之内矣。後來的人都稱他做好臣子、好官府，名聲兒立得何等久遠！此以上都是「居則致其敬」的事，都是「立身行道，揚名於後世」的孝。

曾子曰：若夫慈愛恭敬、安親揚名，則聞命矣。敢問子從父之令，可謂孝乎？

昔者曾子耘瓜傷了些藤，曾晳把大杖打他仆地，孔夫子因此不容曾子相見。想那曾晳〔一〕狂的人多有過失，曾子須順着他，心裏終是不安。如今恰好説到「病則致其憂」，便思父母病重時節也有治命，也有亂命，治命不須説起，倘或一時亂命，就違了他，却碍着「慈愛恭敬、安親揚名」之道。就把前面話將八個字包着，説我都曉得了，恰是這八個字，無非從命的話，不知隨他善令、惡令、治命、亂命，一味這般從順將去，還是個孝子麽？

子曰：是何言歟？是何言歟？昔者天子有爭臣七人，雖無道，不失其天下；諸侯有爭臣五人，雖無道，不失其國；大夫有爭臣三人，雖無道，不失其家；士有爭友，則身不離於令名；父有爭子，則身不

〔一〕「晳」原作「哲」，今改。

陷於不義。故當不義，則子不可以不争於父，臣不可以不争於君。故當不義，則争之。從父之令，又焉得爲孝乎？

夫子本欲與曾子説「病則致其憂」，他却有此問。若只把不從亂命的話答他，便狹了。因此就從身病上推出心病，來説救治的方法。此與《周禮》司救掌民過失、巡民疾病一般，先王見民有過失，有疾病，只立一個官去救他，顯是一件事矣。所以便斥他道：這是甚的言語？這是甚的言語？良藥苦口利於病，忠言逆耳利於行。古時帝王有七個諫諍的朝臣，便行的無道，也得他救正，不致壞了天下；諸侯有五個諫諍的陪臣，便行的無道，也得他救正，不致亡了一國；大夫有三個諫諍的家臣，便行的無道，也得他救正，不致亡了一家；士屈己下交肯諫諍的庶人，得他救正，好名兒不脱了身上；父親降心容受肯諫諍的兒子，得他救正，惡名兒不陷了身己。你不知這無道就是不義，不義就是無道，乃人身的大病痛。爲子的不可不用力諫諍救轉父親來，爲臣的不可不用力諫諍救轉君王來。你父親倘有這等病痛，必須苦口争之。若任他縱着聲色嗜慾，違天地之和，傷天地之性，不成災病便成過病，必致陷身死地，與那眼見親疾不進湯藥何異？豈得名爲孝子？後來就不從亂命，也較遲了。

子曰：君子之事上也，進思盡忠，退思補過，將順其美，匡救其惡，故上下能相親也。

夫子說：我常言「在醜不争」，如今叫做争子、争臣，豈是面折君父、肆無忌憚的勾當？只爲人臣、人子一個道理，事君、事父一片真心。你看那事上之君子，入朝便思量盡臣子的忠心，退朝便思量補君王的缺失。上人有美好的事，即便依從着行；上人有過惡的事，即便救正着他。但凡一味好阿諛的君上，與那一味事逢迎的臣下，眼前雖似相親，後有失處，畢竟不能相親。必如上文所言，乃真是上下能相親的道理也。你曉得争臣親上非違上，就曉得争子親父非違父矣。

《詩》云：「心乎愛矣，遐不謂矣。中心藏之，何日忘之？」

夫子説完了，恐曾子疑着這諫争只是愛心，如何合得那憂病的心來，便引《小雅·隰桑》之詩説道：爲臣的心裏既然愛着君王，胡不把直言去告君王？可見他必匡救其惡了。若是不曾去救，或救之不得實落，放心不下，惙惙在念，憂來憂去，何日忘懷？你知人臣的憂心,就可比人子的憂心矣!這個叫做「病則致其憂」。他不陷父于不義,使常享令名,亦是申明以顯父母的意思。

子曰:昔者明王事父孝,故事天明;事母孝,故事地察;長幼順,故上下治。天地明察,神明彰矣。故雖天子,必有尊也,言有父也;必有先也,言有兄也。宗廟致敬,不忘親也。脩身慎行,恐辱先也。宗廟致敬,鬼神著矣。

孔夫子説道:怎的唤做「祭則致其嚴」?大凡祭祀必交神明,這神明極靈極通,言語解説他不得,思慮揣摩他不得。人人自有神明,只因不肯反本、不肯齋嚴,一向迷失在幽暗處所。此時我的神明、他的神明却似一川清水,中間被土來隔着;又似一片日光,中間被屋來隔着。你但除了這壅滯的,兩水自然交通;去了這住着的,兩光自然交通。此是交神明之義也。爲人君的只恐不明,不明則良知未致,孝非至孝,弟非至弟,所以神明勿彰,鬼神勿著,精氣勿通也。昔者明哲的君王,其良知炯然不昧。事父、事天只此良知,遇父叫做「孝」,遇天叫做「明」,無兩個良知;事母、事地只此良知,遇母叫做「孝」,遇地叫做

「察」，無兩個良知；待長幼上下只此良知，遇長幼叫做「順」，遇上下叫做「治」，無兩個良知。此知即是神明，但人專在骨肉上尋討，未見得他神明。若直看到天明地察處，其神明便昭彰顯露矣。然致這良知，要得齋戒的工夫。無論諸侯以下，雖天子必有當尊而敬之者，名曰「父」；必有當先而敬之者，名曰「兄」。由所尊而推之，祖宗之在廟者爲益尊，敢不敬乎？其祭時齋戒皆出自不忘親之心。由所先而推之，吾身之所從生者爲最先，敢不慎乎？其平時齋戒皆出自恐辱先之心。此心原與鬼神並著，但人專在一身行事上體驗，未見甚著。惟獨宗廟之祭，齋明盛服，致慤而著，如在其上，如在其左右，所謂鬼神者始與心通，而不可掩矣，蓋心之良知即鬼神之會也。致知如此，纔是明王，纔是孝弟之至。

孝悌之至，通於神明，光於四海，無所不通。

是可見「孝悌之至，通於神明」，「神明」「孝悌」不是兩事，略無毫髮間隔，置之而塞乎天地矣；「孝悌之至」「光於四海，無所不通」，「四海」「孝悌」總是一心，不屬形氣窒礙，推而放之而準矣。惟神明光耀，故融通貫徹；其融通貫徹，由神明光耀，此吾太虛父母之本體。彰者，彰此者也；著者，著此者也。孩提之知覺，因齋戒之精明而還；郊社之明察，因宗廟之嚴肅而得。你但從交神處看個分曉，何患孝弟之不至、感應之不速耶？

《詩》云：「自西自東，自南自北，無思不服。」

夫子説完了,恐曾子還疑「光於四海」一句,便引《文王有聲》之詩説道:武王孝順文王,遷到鎬京,也依倣文王創造璧雝,講明五倫之學。當時西海、東海、南海、北海,無有一念所到之處不服王化。可見只是一念靈通,而夷蠻、戎狄、禽獸、豚魚、金石、草木無不融爲一念矣。蓋睿思入微,聲臭俱泯,神無方,應亦無方也。若武王者,非明王而何?此以上所謂「祭則致其嚴」。中間父配天、母配地正是顯父母處,你須知得。謹按:夫子這説話,人都把來看做奇怪的,不知母嚙指而子心動,父膺疾而子汗流,至于甘露、靈泉、神人、織女、日烏、月兔、地金、冰鯉、芝草、異木,種種感通,種種難測,我成祖文皇帝詳載《孝順事實》中,親灑宸翰,歌詠其美,爲人子的豈可還不篤信?况且這感應的事不是纔做一件便有一件的徵驗,如劉向《洪範五行》之説。今人拋離親舍,静養幾載,便説:我已齋心,因何没這感應?只爲古人齋戒工夫不傳于世,致有此弊。你且只看經中「郊祀」「明堂」一節與此章之意,便已知得幾分。大抵要順着無改無移的天心、無聲無臭的祖德、無始無終的孝字,防邪物,訖嗜慾,不妄思、不妄動,專致精明,洗心十日,纔唤做齋戒一番。但凡一年之間,除却非時的祭、不測的喪、卜筮的敬事,已是該得齋戒一百餘日了。此外齋斬之喪，又該齋戒了幾年；期功之喪，又該齋戒了幾月。自從八歲收心，十五入學，直到四十歲纔出仕，那時他的心已通神，安得没大感應？前面所引甘露、靈泉等，不過一事之應而已。《戴記》説個「定」字，又説個「寧」字，此是洗心的明注。若夫不飲酒、不茹葷、不入寢室，特其粗迹耳。臆見如斯，未審能合聖意否。

子曰：孝子之喪親也，哭不偯，禮無容，言不文，服美不安，聞樂不樂，食旨不甘，此哀戚之情也。三日而食，教民無以死傷生。毁不滅性，此聖人之政也。喪不過三年，示民有終也。

夫子説：怎的唤做「喪則致其哀」？你不見那孝子在父母喪服中，哭泣時不做長聲，行禮時不脩容貌，言語時不叙文詞，穿美衣則身上不安，聞音樂則心裏不喜，喫美食則口裏不甜，這六件兒都是孝子哀痛的真情發見處。若只任情做去，不把性來裁損，他生生之理便絶滅了。獨有聖人是盡性的人，曉得初生下來便有愛的情；日日嚴憚將去，有敬的情；不幸親没，有哀的情。恰如生養之氣變做尊嚴之氣，尊嚴之氣便做肅殺之氣。只從肅殺處一截截住，那裏還有人來？所以上教他且含着那生養的餘氣，止許三日不喫飲食，莫因他死的形骸傷了他生的遺體。此時難道説不敢毁傷？縱然毁傷，却要知道天地之性人爲貴，不要滅了這個人。豈不是聖人以性制情的政令？又有一等的孝子，眼前不便傷生，只顧行着喪禮去，哀情無節，畢竟要傷了生。聖人又爲他立個三年的限制，示他有三年之愛于父母，該有三年之哀于父母。合着這制度便是「喪致乎哀而止」矣。

爲之棺槨、衣衾而舉之，陳其簠簋而哀慼之；擗踊哭泣，哀以送之；卜其宅兆，而安措之；爲之宗廟，以鬼享之；春秋祭祀，以時思之。

這三年之内，始死時，把内棺外槨、内衣外衾來收斂着。形骸既殯了，或朝或夕，設簠設簋，向着殯宫哀慼。出殯時，搥胸頓足，哭泣哀痛，隨着棺槨走送。這時候已自預先卜得好的墳穴，將這棺槨來安措在裏邊。形骸雖已安措，又立木主在宗廟中祭享。他那精靈的魂魄就改名叫做「鬼神」了。既然叫做鬼神，春時與萬物俱來，秋時與萬物俱去。來時辦祭迎候，去時辦祭祖送。那悽愴怵惕的思想無休無歇，不在三年喪服數内矣。此以上所謂「喪則致其哀」也。其間有功有德的君子方得大葬，豈不是「以顯父母」？

生事愛敬，死事哀慼，生民之本盡矣，死生之義備矣，孝子之事親終矣。

總看來，「居則致其敬，養則致其樂，病則致其憂」，與「祭則致其嚴」而事死如生，這幾件都叫做「生事」。我前面説的不是敬便是愛，不是愛便是敬，出不得這兩個字。至于「喪則致其哀」，與那「居則致其敬」于喪，「祭則致其嚴」于思，這幾件同叫做「死事」。前面十二件儀節並出，不得這「哀慼」兩個字。曰愛敬，曰哀慼，生民報本的力量已竭盡無餘了，其間載着死生之微義又備細無遺了。所以我説五者備矣，就是「立身行道」「揚名後世」的事，「以顯父母」爲孝之終的事，一切盡收在裏邊，既有終必有始，和那「不敢毀傷」的事已總括得盡也。汝其知之。謹按：夫子這許多説話，其緊要只在末後一章臨了幾句。曰「此哀慼之情也」，曰「毁不滅性」，這是開發性情的宗旨。曰「死生之義備矣」，這是闡明死生的大義。今人都把愛敬、哀慼來當天性，不知此非天性。天性者，孝無終始，父子之道是也。所謂天理常存，人心不死，豈可把隨遇變遷的便來當了他？因此上經中首言「至德要道」，次言「天地之經」，又言「天地之性人爲貴」，無非闡發此宗耳。至于「死生亦大矣」，夫子負杖逍遥,曾子易簀咏歌,豈是勉强得來?當時不肯與季路説的,悉底傳與曾子。如經中郊祀、宗祀,所以必用陽生、納火之候者,只要人尋着生生的根由。若剥復之交,全然銷盡,將個何理來生人、生物?若祖父之死全無影響,將個何人去配天、配帝?且「鬼神著矣」,著的是何人?「以鬼享之」,享的是何人?看來分明是游魂爲變、性靈不昧矣。張子説形潰反原,朱子以爲譬如土做彈丸,復歸土中,又做彈丸出來。可見祖父雖歸太虚,定出來千變萬化。知道他變做甚的?萬一不識得是我祖父所變,毁傷了他、輕慢了他,豈得無過?假如一杯羹裏,人傳有你父母骨血在内,雖不辨認,安忍舉箸?觀土塊彈丸之喻,實是無你作惡的去處。嘗聞昔人夜卧叉手,恐夢遇父祖,却是何心?世人借死忘本,强説不信鬼神,又是何心?因此上夫子備細闡明這義于此經也,情性之宗、死生之義,只是一心,學者宜盡心焉。

齋戒事親之目經文云：「始於事親。」又云：「孝莫大於嚴父。」故著其大者。

聽於無聲，視於無形。

此恒齋也，可謂結諸心矣。大道無倫，大孝匪迹。

士冠，若孤子，則父兄戒宿。

敬子弟者，敬親之後也。

玄冕齋戒，鬼神陰陽也。將以爲社稷主，爲先祖後，而可以不致敬乎？

齋不入室，置室而齋，以厚別也。重父子之始也。

有疾，養者皆齋。

不櫛、不翔、不哂、不詈、不飲酒食肉，所謂齋也。文、武親齋玄而養。

王宅憂三祀。既免喪，其惟弗言。王曰：「以台正於四方。台恐德勿類，兹故弗言。恭默思道，夢帝賚予良弼，其代予言。」

王，高宗也。不思親而思道，不見親而見帝，不哀慼而恭，不長號而默，惟求德類四方，無論德類二人也。類，齊也；齊，齋也。通神明而得良弼，齋三祀而中興者五十九年。故孔子曰：「喪禮，敬爲上，哀次之。」《記》曰：「廬，嚴者也。」「不與人坐焉。」嚴敬恭默，幽思徹微，何必高宗，古之人皆然。

父母之喪，水漿不入於口者三日。既虞、卒哭，疏食水飲，不食菜果。期而小祥，食菜果。中月而禫，始飲醴酒，食乾肉。

變食也。學而思，不求飽，況思親、思道乎？無以死傷生，無以生忘本，皆聖人之政也。降此而期終喪，不食肉，不飲酒。旁期三月，不食菜果。功衰，食菜果，無塩酪。小功，緦。比葬，食肉飲酒。仁之至，義之盡也。

孟獻子禫，縣而不樂，比御而不入。

猶不奏樂，不復寢也。樂則散，寢則淫，既散且淫，何以思道？降此而期功之喪，三月不御內。大功將至，避琴瑟。

古者，天子諸侯必有養獸之官，及歲時，齋戒沐浴而躬朝之，敬之至也。

君猶朝牲而齋，民有不顧父母之食者乎？

后妃齋戒，親東向躬桑。

后猶親蠶而齋，民有不顧父母之衣者乎？

七日戒，三日齋，以教敬也。

致齋于内曰「齋」，散齋于外曰「戒」，合而言之曰「敬」，條而示之曰「教」。太史執簡記，奉諱惡。天子齋戒受諫。小宗伯主。凡祭祀之十日宿。宫宰宿夫人，夫人齋于内。設官以敷教也。

及時將祭，君子乃齋。齋之爲言齋也。齋不齋，以致齋者也。是故君子非有大事也，非有恭敬也，則不齋。不齋，則於物無防也，嗜欲無止也。及其將齋也，防其邪物，訖其嗜欲，耳不聽樂，故《記》

曰:「齋者不樂。」言不敢散其志也。心不苟慮,必依于道;手足不苟動,必依于禮。是故君子之齋也,專致其精明之德也,故散齋七日以定之,致齋三日以齋之。定之之謂齋,齋者,精明之至也,然後可以交於神明也。

齋之義莫著於此矣。心不苟慮,身不苟動,思道依禮,定極神通。齊幽、齊明、齊宇、齊宙,斯虞廷精一之傳、孔門明德之旨也。至于此,而所見無非大事,所存無非恭敬,不假防止,不迷物欲,詎有須臾之不齋乎?

齋必變食,居必遷坐。齋,必有明衣,布。必有寢衣,長一身有半。齋之玄也,以陰幽思也。齋者,不樂不吊。非致齋也,不晝夜居於内。夫齋,則不入側室之門。

此「依禮」之目也。釋氏嘗食素矣,衣緇矣,撤音樂矣,屏妻子矣,何以辭而闢之?曰:彼,西域之交神明者也;吾,中夏之交神明者也。禮失而求之野。禮幸勿失,毋求之夷。

齋之日，思其居處，思其笑語，思其志意，思其所樂，思其所嗜。齋三日，乃見其所爲齋者。

此「思道」之目也。形聲寂然，性情杳然，何可致思？而無思之思，通微作聖，知高宗之見説，則知孝子之見親矣。《詩》美思成，不徒咏也。彼釋氏止觀，老氏默朝，思各有成，同爲攬鏡而自照夫！曰：自照無三氏矣。

吉蠲爲饎，是用孝享。曰卜爾，萬壽無疆。

蠲，齋也。洗心玄覽，見乾坤不毀之禮；安形馭氣，乘陰陽化生之機。羲曆舜年，信可卜也。

齋戒事君之目經云：「中于事君。」又云：「進思」「退思」。蓋齋也，明宗傳，故附事師。

覲禮，天子使大夫戒。

覲述天職，使戒者與共事天也。戒則無所不通，乾坤君父，靈知相徹，事其一，舉其二矣。

司會以歲之成，質于天子。冢宰齋戒受質。大樂正、大司寇、市三官以其成，從質於天子。大司徒、大司馬、大司空以百官之成，質於天子。百官齋戒受質。

此上文意也。大臣齋，而水鏡斯明；小臣齋，而妍媸自決。考成如此，由成可知。

將適公所，宿齋戒，居外寢，沐浴。史進象笏，書思對命。

觀大夫之事諸侯，而事天子、事大夫之齋可推矣。思即進退之思。神相通，故情相親。

君有命，戒射。前射三日，宰夫戒宰及司馬、射人，宿視滌。

大射禮也。思道依禮，志正體直，臣鵠既中，餘鵠具舉。

公食大夫使大夫戒，各以其爵。

何必使之？蓋使之各以其爵也。

大夫之喪，衆士疏食水飲，妻妾疏食水飲。士亦如之。

觀大夫、士之喪，而上可推矣。如喪考妣，遏密八音，有加隆焉。曰土芥寇讎，權辭耳。

太史掌大祭祀，與執事卜日。戒及宿之日，世婦掌女宮之宿戒。

戒爲先王，亦爲後王也。四表之心，助王心者也，故設官掌之。

國君世子生，卜士負之，吉者宿齋。

負嗣君也，敢不齋乎？

妾子生三月之末，漱、澣，夙齋，見於内寢。

臣妾一節也。

子貢反，築室於場，獨居三年，然後歸。

以「屢中」之憶，憶其不可得聞者，六年而性天見矣。有如不見，雖没身，安居哉？按史，弟子從冢家者百餘里，三年訣，云彼徒依禮。若子貢，其思道者歟！顏子心齋，子貢心喪，皆視師如父也。

齋戒事天地之目經文凡四稱天地矣，齋而祀之，所由以立身也。

先立春三日，太史謁之天子曰：「某日立春，感德在木。」天子乃齋。立夏，立秋，立冬，亦如之。

志，氣之帥也。天子之志，衆志之帥也。志一動氣，而氣應之，所以理陰陽而齊衆志也。木火金水之德，乘氣而來；精明敬齊之心，迎氣而入。同符五帝，共事一天，是以太史謁齊也。

夏至，君子齋戒，處必掩身，毋躁，止聲色，毋或進，薄滋味，毋致和，節嗜欲，定心氣。

一陰生齋而事地，事其遺體也，心中之氣是也。事之之法，欲定不欲亂。

冬至，君子齋戒，處必掩身，身欲寧，去聲色，禁嗜欲，安形性，事欲静。以静陰陽之所定。

一陽生齋而事天，事其遺體也，形中之性是也。事之之法，欲静不欲動。《易》曰：「先王以至日閉關，商旅不行，后不省方。」夫門户不開，則微陽閉而不出；利心不馳，則外物感而不應；方事不省，則視聽收而不發。七日戒，一陽復也。復形中之性，見天地之心也。此疑老氏之所謂長生者。《易乾鑿度》曰：「性無生，安問長生哉！」

聖人以此齋戒，以神明其德夫！

陽升陰降，日往月來，易也。聖人以此易齋戒，而神明其所謂盛德者。五德之輝，與天地齊光，與太虚合靈，非苟然矣。

齋明盛服，非禮不動，所以脩身也。

《大學》以脩身爲要，脩身之法，齋而已矣。此存養事天子其常也。

有疾，疾者齋。

《禮》疏曰：「當正情性也。」肝仁，心禮，肺義，腎智，脾信，情性之宅也。氣一既能動志，形傷亦能損德。齋則氣定疾瘳，形全德盛。此存養事天子其變也。

雖有惡人，齋戒沐浴，則可以事上。

出大亂之途，入大定之門，一旦精明，豐蔀見日，三宿澡雪，暗室有天。天即我也，何不可事之有？嗟夫，上帝每矜惡人，惡人不遠上帝。彼徒畏其赫赫，甘于卑卑，至謂惡乃殤疥之名，事惟奔走之末，無惑乎終身弱喪，不顧乾父坤母之養也。孝難哉！

五刑章之目

不齋則以其昏昏忘其兢兢，而滋不孝矣。故昭國法以警之。

若喪制未終，釋服從吉、忘哀作樂及參預筵宴者，杖八十。居喪之家，脩齋設醮，若男女溷親、飲酒食肉者，家長杖八十，僧道同罪。

此列于十惡，不容誅矣，何以杖也？言制將終而偶犯者也。如其服美不安，聞樂不樂，食旨不甘，則何罪焉？彼死孝之于生孝，豈以迹論哉？及家長、僧道，何也？尊上且罪，況卑下乎？方外且罪，況方内乎？聖祖立法，欲天下之人皆洗心以全孝，故其嚴如此。

凡大祀廟享，若百官已受誓戒，而弔喪問疾、判署刑殺文書及預筵宴者，皆罰俸錢一月；其已誓戒人員散齋不宿净室，罰俸錢半月；致齋不宿本司者，罰俸錢一月。

彼以爲飲食男女而已，不少忍須臾之嗜欲，而天地、鬼神、祖宗、君父赫然震怒，令絶食者一月半月，誠死法，非輕罪也。禄養者不得養，田祭者不敢祭，奈之何輒犯齋乎？弔喪問疾，禮也；判署刑殺，政也。君子不以大禮、大政犯大祀之齋，謂大逆、大不敬之漸耳。如其恣大欲而昏大德，益無説矣。戒之，戒之。

孝經彙目終

古今羽翼《孝經》者，幾三百家；表章播傳者，五七百卷。皆由秦始焚滅而各加考訂之者。獨荆公執政，卑視此經，不列學官，不取試士。世遠敬湮，人鮮誦習，而流傳亦罕。鴻爲此懼，廣求博採，止據成帙者三四十卷，殘篇斷簡五七千言，日夕究思，僅梓先儒訂正之文五卷，以爲之兆，將期名賢，遞相羽翼，續微言、明大義也。顧下里鄙人，徒傳糟粕，乃勸虞長孺氏出《邇言》闡之，復求初陽孫氏反復研究，爲詳説之。自有二氏，而古文、今文之疑釋，人子可力行矣。雖與鴻指小異，而今頗爲詳善。惟冀崇本君子，力共闡明，則一本立而萬化生，雍熙和睦之風不將流布於寰宇哉？噫嘻！曾氏得夫子之傳，衍孝道之大，曰："塞天地，橫四海，徹貫古今，放無不準。"今虞君建《全孝》《宗傳》二圖，立《提綱》《彙目》等語，倘亦得曾氏之傳耶？非耶？希大孝者，幸致察焉。

仁和朱鴻謹識

家塾孝經

【明】朱鴻 撰
李静雯 點校

點校説明

《家塾孝經》（一名《家塾孝經集解》），明代朱鴻撰。鴻，生卒年不詳，字子漸。仁和（今浙江杭州）人。萬曆間諸生。朱氏於《孝經》一書用力甚勤，另著有《古文孝經直解》《孝經質疑》《孝經臆説》《孝經目録》等，又輯刻《孝經彙輯》十二種（有題《孝經總類》《孝經總函》等抄本），對保存元明《孝經》學文獻具有貢獻。

關於是書撰著緣起，朱氏在《孝經質疑》云其觀朱熹《孝經刊誤》「注釋大義猶未及而遂止」，吴澄《孝經定本》「更校古文、今文定爲一本，其間先後、異同、序次、分合，莫測二先生之旨」，「於是蚤夜以思而管窺蠡測，賴天啓其衷，廼得當時孔、曾立言之旨，與後世序次、分合、先後、異同之原，每與同志元泉褚先生互相參考，僅成一卷。日授弱子輩習讀，不敢有聞於人，名曰《家塾孝經》」。所謂「家塾」者，當有以爲家訓之意。書前有褚相《家塾孝經序》、趙應元《重刻孝經序》，以及《家塾孝經題辭》，朱鴻自撰「經義題綱」，卷末有錢正志後序及褚相《孝經本文一説》。其書先列經文，大致據今文《孝經》，其下訓解經義，側重愛親、敬親之道。後朱氏又撰《古文孝經直解》，經文依古文，内容與《家塾孝經》有重疊之處，可相互參照。

是書有《孝經總類》本、《孝經叢書》本、《孝經大全》十集本等版本。此次點校即以《孝經總類》本爲底本，以《孝經叢書》本、《孝經大全》十集本爲校本。

家塾孝經序

《家塾孝經》一卷，吾郡文學〔一〕朱君子漸〔二〕撰次也。朱君每過予而請益。予曰：「思深哉！其旨淵乎微矣！」昔聞之夫子云：「吾志在《春秋》，行在《孝經》。」夫《春秋》傳心之典，《孝經》率性之謨，志與行俱，罔非盡性。矧《孝經》尤先王至德要道，有生之人紀天常，無論聖狂貴賤，日夕所當講究而服行者。故吾夫子以孝思無窮之心，聚百順有覺之行，凡見於迪德明倫而博施不匱者，若揭日月於中天。當時及門之士亦非不衆且賢，至於獨紹心傳，僅一純孝之曾子，則其意槩可想矣。嗟乎，是經也，誠孔、曾授受之精藴已乎！然即其問答更端，自天子以至庶人，亹亹數百言，悉皆闡吾天性之叙秩，人情之節文，而大順充溢，上有以通神明，下有以光四海，近有以淑當時，遠有以憲萬世。懿哉，聖〔三〕人立行之宏

〔一〕「文學」，《孝經叢書》本作「校士」二字。
〔二〕「子漸」，《孝經叢書》本作「鴻所」二字。
〔三〕「聖」，《孝經叢書》本作「吾」。

謨也！奈世逖經殘，竟厄於嬴燼，鑿於漢疏，踳駁於有唐之百家。雖以宋晦庵、草廬二先生之刊誤考訂，其理非不燦然可述，而被世儒紛紛各售己見，分章傳釋、今古異同之辨，亦未見有涣然自信者。

今朱君自肄習諸生時，遂潛玩此經，敦崇孝行，且深有慕於王文成公「致良知」之學。嘗質予曰：「文成良知之教，欲人反求天性，而孝之大旨冥會無遺。鴻將據吾知以質經之疑，會本〔一〕文以求説之正。先生以爲何如？」予曰：「可哉！蓋道公天下，苟出於公，雖一家之誦習不爲私。學貴心融，苟得於心，雖一人之辨覈不爲異。子能即心揆理，以探全經，庶亦無愧於致知之教也已。」朱君聞予言，遂躍然曰：「命之矣！鴻也雖不敢以言自附，尚期毋忘先生之訓。」

時萬曆癸未歲季秋吉旦海昌八十翁元泉褚相識

〔一〕「本」，《孝經叢書》本作「全」。

重刻孝經序

余不佞，曩與朱子漸氏爲同舍生，同舍生高子漸經術。子漸幼有至性，日嚴二親，稱純孝，同舍生高子漸行誼。以聞有司，于是有司舉功令尊上子漸冠幘粟帛、鄉飲祭酒，榜稱孝子云。孝子既被名寵，益跼蹐不敢安，嘆曰：「夫所謂孝者，譚何容易！」乃取《孝經》晝夜讀之，務精研其義。因考《孝經》所以流傳人間之自，及不列學宫之故，中間自漢以來諸家釐正之是非、銓次之先後，或離或合，可信可疑，燦然復明於世。且删疑存信，親加訓詁，命曰《家塾孝經》終焉。孝子之用心，亦勤矣哉。書既成，同志之大夫士膾炙之，會中丞臺温公、學使蘇公鑒賞不已，序弁首，簡稱《孝經指南》。不佞亦以孝子之書必傳也，何故？譚説經史莫盛於漢儒，當是時，朝廷設射策之科，開禄利之路，士故爭置力焉，夷考一時説經諸儒，罕有以孝廉察舉者，亦空言耳。今孝子之書非徒言之，寔允蹈之。言出於允蹈者切，切故愛；書出於共愛者傳，傳故遠。即以孝子之書垂之百世，百世之人心有不如今之大夫士膾炙孝子者哉？孝子嘗與不佞論《孝經》始末，纚纚千言不休。不佞曰：「忠、孝一理，孝子何不取所謂《忠經》者贊一詞焉？」孝子笑曰：「《忠經》亦漢儒傅會之書，其言淺陋，何可與孔、曾同日論？《忠經》何在？即《春秋》是已，心法嚴謹，凛如衮鉞，所以教天下萬世之爲人臣者，孰有忠如《春秋》者乎？」不佞退而服孝子，有見孝子久不就有司徵辟，荏苒白首，卒竪不朽事業，與其名俱著於無窮。孝子之賢，加人一等矣。

萬曆丁亥四月朔日同邑後學趙應元撰

男生員趙爾昌書

家塾孝經題辭

粤惟隆古，蓁蓁伾伾，民風沕穆，率由賦予。其於因心事養之道，殆不俟訓導啓迪、耳提面命，咸肫肫然自孩提以至白首一也，自天子以至庶人一也，自荒服以至華夏一也。方其時，國無戒，家無師，翕然而大同，孝弟者比户也。迨夫淳者漓，朴者散，役物而澌天，誘知而斲性。膝下之愛、百順之節，不必於少艾妻子、仕君之慕奪之，而童年廢弛者，亦有之也。噫嘻！吾夫子者作，事删述於六經，開羣蒙於萬古。首懼夫百行之原不明，則萬化之基弗立。於焉因一貫既傳之暇，發因心不匱之理，列五等之殊用，原一本之始終。言微而著，詞約而章，誠千載事親之法程，萬祺子職之龜鑒。惜乎旨遠義淵，又經嬴燼出壁之殘，已失聖藴，且習矣而不察，口誦者未必心懽，則夫子之言不托諸虚者，幾希矣。

由周迄今千百餘歲，漢、唐諸儒非不辨論，而訓詁有所未及。仁和朱子漸提抱知愛，克篤因心；暨壯至兹，永言勿替。盡一己之順德，思錫類以貽謀。竭力之餘，研精聖奥，句釋節解，以發淵微。據經義而不宣，其於諸説之同異得失概無論也已，名之曰《家塾孝經》。夫經，聖言也，而以「家塾」名，其夫子竊比老彭之意乎？抑亦子漸私爲家訓乎？嗟夫！經者，古今不易之常也。孝者，吾人天性之良也。垂之自夫子，述之自曾子，誦之者維而行、習而察，則由家以及其國，由其國以及天下，凡有血氣，莫不因心，則所以上翼我明列祖以孝治天下之化者，未必無補也。子漸又焉得而私諸？

自漢迄今，傳《孝經》者各自名家，奚啻百十，皆發先蘊、啓後學爾。獨《今文直解》不名，《家塾題辭》不名，殆恐言不能盡，是以諱之。鴻特闡其意云。

鴻歷考古、今《孝經》諸本，次序不一，條理未融，未盡協聖人之旨，故復冒昧僭述序次如左。

一、經首文公訂正，合六、七章爲一章，草廬因之。

一、「明王事父孝」「明王以孝治天下」「周公嚴父配天」，此三節皆言以孝爲治，而教民之道寓矣。

一、「孝，天之經也」一節，聖人則天道以立政教〔一〕。

一、「君子以孝教天下」「教民親愛，莫善於孝」〔二〕，此二節皆言以孝立教，聖人政教極其神速〔三〕如此。

〔一〕本條《孝經叢書》本在「聖人政教極其神速如此」後。
〔二〕「教民親愛，莫善於孝」八字，《孝經叢書》本作「教所由生，應極神速」。
〔三〕「極其神速」四字，《孝經叢書》本作「由於孝也」。

一、「父子，天性也」一節，聖人因人性以立政教。

一、「孝子之事親」一節，其道有五，其戒有三，末甚言不孝獲罪之大，示人知所警也。

一、「閨門」一節由内以及外也。《閨門》章二十四字，司馬貞削之，古文錯簡在後。

一、「君子事上」一節，移孝以爲忠也。

一、五等「諫諍」一節，諭親於道之孝也。

一、「孝子之喪親」一節，示孝道之有終也。

右經義題綱十三條，皆以發全經大旨，雖未獲窺孔、曾指授微言，庶由詞達意，俾誦習者知所先後而會通有地，若章第多少、傳釋殘缺，鴻豈敢妄置喙哉？

家塾孝經

仁和朱鴻集解
海寧褚相校
仁和沈詔定
仁和衛鏓閱

仲尼居，曾子侍。子曰：參，先王有至德要道，以順天下，民用和睦，上下無怨，女知之乎？

此一節孔子首言孝道之大，而教天下不可不知所學也。仲尼，孔子字。居，燕居也。曾子，孔子弟子名參；子者，曾氏門人稱其師也。侍，旁坐也。孔子言古先聖王有極至之德、切要之道。夫人性中本有個仁、義、禮、智，皆德也，此獨爲德之至；率行之皆道也，此獨爲道之要。先王用此以順天下之心，而天下之民莫不親親、長長，用之以和睦。故上而人君，下而臣民，皆無相怨尤，而安於大順。女知之乎？蓋道與德非二也，自其見於通行謂之道，本於自得謂之德。德則存諸心，道則見諸事者。所謂順者，本心之德意，人人俱有，聖人亦不過因人心之同然而教之，非强拂也。如和睦與無怨尤俱是順，故一順而天下化中矣。[音注]女，上聲。

曾子辟席曰：參不敏，何足以知之？子曰：夫孝，德之本也，教之所由生也。

曾子聞孔子之教，即避席而起，言參質不敏，何能知此道德。孔子云：吾之所謂至德要道，非他，即此孝也。蓋孝乃仁之本原，仁乃心之全德。仁主於愛，而愛莫切於愛親，故孝爲德之本。聖人因之立教，本立則道生，自然親親而仁民，仁民而愛物，以至綏中國、保四海，天下無一物一事不在吾孝之中，何莫非此一念之生生乎！故云：「教之所由生也。」《直解》曰：「這個孝道是德行的根本，教化人的道理都從這孝道裏面生將出來。」[音注]辟，音避。夫，音扶。○此言孝爲四德之本，則百行萬善，何莫而非此中出也。

復坐，吾語女。身體髮膚，受之父母，不敢毁傷，孝之始也。立身行道，揚名於後世，以顯父母，孝之終也。

曾子尚拱立而聽，孔子命之復坐，語此道理。夫人之一身四體，毛髮皮膚，率皆父母所生，人子善爲保護，不致毀辱而虧其行，不致損傷而虧其體，此爲孝之始事。至於能植立此身而不屈，篤行斯道而不怠，不惟自揚其名，而又以顯其父母，此則孝之終事。夫毛髮尚至於保愛，則其餘可知。後世尚至於顯揚，則當世可知。孝之始終如此重哉！音注復、語女，並去聲。

夫孝，始於事親，中於事君，終於立身。

此總論孝之始終也。夫上文止言孝之終始，而此又兼言「中於事君」者，蓋行道顯揚，非事君如何能得？況四十始仕，而移孝爲忠，亦理之常也。〇陳氏曰：「上言孝之始終，而不言中事君者，謂行道揚名，則事君之道在其中矣。然所以如此立言者，蓋世之人或有隱居以求志、脩身以俟命者，豈必皆事君哉？」〇吴氏曰：「前言『至德要道』，蓋言在上者之孝而通乎下，『夫孝』以下二句，結前意也；後言孝之始終，蓋言在下者之孝而通乎上，『夫孝』以下三句，結後意也。」〇鴻以「立身行道，揚名於後世」説得最廣，不專指事君者而言。

愛親者，不敢惡於人。敬親者，不敢慢於人。愛敬盡於事親，而德教加於百姓，刑於四海。蓋天子之孝也。

此首言天子之孝也。天子者，天下萬邦之主，又德教之所自出而儀刑四海者也。天子能愛敬其親，而又推此愛敬以及於下，則是吾之德教自然被於百姓而刑於四海，皆知所以愛敬其親矣。此便見至孝通於無外，太和盈於兩間，豈不功光祖宗，業垂後裔哉？

在上不驕，高而不危；制節謹度，滿而不溢。高而不危，所以長守貴也。滿而不溢，所以長守富也。富貴不離其身，然後能保其社稷，而和其民人。蓋諸侯之孝也。

此言諸侯之孝也。諸侯承先君積行累功，天子錫之土地人民以爲世守，其心皆欲子孫世傳而無失。爲子孫者，誠知此身居一國臣民之上，其位高矣，位高其勢必危。若能禮賢下士，容民畜衆，而勢不至於危亡。積四境輸將之財，其國富矣，國富其用必溢。若能制立節限，謹持法度，而用不至於泛溢。夫高而不危，自無凌虐召禍之端，可以長守貴矣。若能滿而不溢，自無僭移虛耗之弊，可以長守富矣。富貴不離其身，然後能保其社稷而和調民人，世世守之弗失，此諸侯繼述之孝當如是也。夫社主土，稷主穀，民生所賴以安養者。

今諸侯爲社稷之主，而以時致祭，自然風雨調，生理順，協氣氤氳，人心無不和悦矣。國其有不永保者乎？

非先王之法服不敢服，非先王之法言不敢道，非先王之德行不敢行。是故非法不言，非道不行；口無擇言，身無擇行。言滿天下無口過，行滿天下無怨惡。三者備矣，然後能保其宗廟。蓋卿大夫之孝也。

此言卿大夫之孝也。先王制禮，異章服以别品秩，則卿與大夫各有一定之服，不得僭上而偪下也。法言、德行只一理，揆道而言曰「法言」，率德〔一〕而行曰「德行」。使卿大夫服法服，道法言，行法行，則言行自然遵法合道，而一無可選擇者矣。又使其立朝而酬對賓客，出聘而將命他邦，言行雖滿天下，而人無一之怨惡矣。蓋人之相與，先觀容節，次及言辭，後考德行。是故首服次言行者，先輕而後重也。後申言行而不及服者，詳重而略輕也。下文又以「三者備矣」總結之也。蓋卿大夫遵守禮法，謹脩德行，則服制無不中，而言

〔一〕「德」原作「意」，據《孝經叢書》本改。

行無不恪，又豈有獲罪君民而不保其宗廟以祀其先公乎？此卿大夫之孝，亦繼志述事之大者。音注德行、擇行、行滿之「行」，並去聲。惡，去聲。

資於事父以事母，而愛同；資於事父以事君，而敬同。故母取其愛，而君取其敬，兼之者父也。故以孝事君則忠，以敬事長則順。忠順不失，以事其上，然後能保其爵禄，而守其祭祀。蓋士之孝也。

天子諸侯在位，無生親可事，而所事者先王。若卿與大夫，不可以例論者。此則專舉上、中、下士之孝。而首以父母言之，取事父之愛以事母，而愛母同於父；取事父之敬以事君，而敬君同於父。然母非不敬也，以愛爲主；君非不愛也，以敬爲主。合愛與敬而兼之，惟父爲然。故移孝事君，則盡心無隱而爲忠；移敬事長，則循理無違而爲順。忠順不失，則天子諸侯之君、卿大夫之長，皆能有以事之，則官爵禄位可長保，而祖先祭祀永不失矣。夫士亦以保爵位、守祭祀爲言者，從其所重而言之也。孝子繼述之善，不於士而可見耶？〇劉氏曰：「愛與敬俱出於心，君以尊榮而敬深，母以鞠育而愛厚。」〇董氏曰：「人必有本。父者生之，本也。愛與敬，父兼之，所以致隆於一本故也。」

用天之道，因地之利，謹身節用，以養父母。此庶人之孝也。

此專言庶人之孝。用天四時之序，而耕耘收獲以順其時；用地五土之宜，而稻粱黍稷各從其便。則物得以生植成遂，而衣食有資。又且謹脩其身而不妄爲，省節財用而毋妄費，則生財有道，處事得宜，既不陷於刑戮，而又能免於饑寒，不惟能養父母之口體，而養志亦在中矣。此纔是庶人本分孝行。音注 養，去聲。

故自天子至於庶人，孝無終始，而患不及者，未之有也。

此通結上文，以重致戒勉之意。孝之終謂「立身」，孝之始謂「事親」。「孝無終始」謂不能事親、立身，則禍難鮮有不及之者。見天子不能保天下，諸侯不能保其國，卿大夫不能保其家，士庶人不能保其身，此固理勢之必然，無貴賤一也。

子曰：昔者明王事父孝，故事天明；事母孝，故事地察。長幼順，故上下治。天地明察，神明彰矣。〔一〕長，上聲。

〔一〕「天地明察，神明彰矣」，《孝經叢書》本此八字移至下經文「宗廟致敬，鬼神著矣」下。

此極言明王之孝之大，見後王所宜取法也。昔者明德之王事父孝，故事天無不明；事母孝，故事地無不察。長幼順，故上下之治無不成。以父母天地本同一理，上下長幼原無二心也。夫既能明察天地矣，神明不於是而彰顯乎？所謂神明即天地之神明，所謂彰即化工之彰顯。若天時順而休徵協應，地道寧而萬物咸若，是已明王感應之神，孰大於此者？〔一〕

故雖天子，必有尊也，言有父也；必有先也，言有兄也。〔二〕宗廟

〔一〕「長，上聲。此極言明王之孝之大」至「是已明王感應之神，孰大於此者」一段，《孝經叢書》本作：「此章極言天子之孝之大，見後王所當取法者，原不重『明察』『彰著』等意。天有父道，地有母道，明王立極，父天母地而爲之。子事父孝，故能明天之道而事天明；事母孝，故能察地之理而事地察。明則無所不照，察則無所不周，謂於禮義能精審也。蓋上天之載，無聲無臭，若難以明之也；博厚載物，德合無疆，若難以察之也。殊不知天地本同一理，上下只是一心。明王既盡孝於父，而事天之道自無不明；盡孝於母，而事地之道自無不察。至能弟於家而長幼順，則自國至天下皆興起於弟，而雍熙太和之治成矣。此王者之所以必致其孝也歟。音注長，上聲。」

〔二〕「故雖天子，必有尊也，言有父也；必有先也，言有兄也」，《孝經叢書》本下注云：「天子至尊無對，而曰『必有尊也，言有父也』，父既爲至尊，豈能不盡其孝乎？天子莫之敢先，而曰『必有長也，言有兄也』，兄既爲所先，豈能不盡其敬乎？今觀我聖祖，於諸父、諸兄之制，必内行家人禮，外行君臣禮，最兩得之。蓋不惟能盡尊親之誼，且見天子而下皆其臣妾，亦各得其禮之中矣。」

致敬，不忘親也；脩身慎行，恐辱先也。〔一〕宗廟致敬，鬼神著矣。〔二〕

音注行，去聲。

上統言明王之孝之大，此詳言明王孝親之功無頃刻之間。蓋以天子至尊無對，而曰「必有尊也」，「尊」言父也。父既爲所尊，天子必盡孝於父。天子莫之敢先，而曰「必有先也」，「先」言兄也。兄既爲所先，天子必克恭其兄。孝弟之道容可以不盡乎？又必致敬於宗廟之中，事死如事生，不敢忘其親也。脩持其身，謹慎其行，恐或一有所失，玷辱其先也。夫能致敬於宗廟，竭誠以享親也，鬼神自於焉而昭格，洋洋如在其上矣。感應之大，又孰有過於此者？〔三〕

〔一〕「宗廟致敬，不忘親也；脩身慎行，恐辱先也」，《孝經叢書》本下有注云：「致者，推之極其至也。天子宗廟之祭，極盡其敬者，不忘親也。謂之親者，自祖考而下視如生存也。平居克脩其身、謹慎其行者，恐辱先也。謂之先者，不專指父母，念本所始也。此事親立身之孝所當自盡者。若祭時知所以事親，而生平不知所以立身，又焉得爲孝乎？」

〔二〕「宗廟致敬，鬼神著矣」，《孝經叢書》本下有經文「天地明察，神明彰矣」，且有注云：「致敬於宗廟，則宗廟之鬼神著矣。著即《祭義》『致慤則著』之著。明察於郊祀，則天地之神明彰矣。彰謂『微之顯』。神明即天地之妙用，非有二也。天時順而休徵協應，地道寧而萬物咸若，著見昭明，無不各得其所。此舉祭者之極其誠敬而言也。」

〔三〕「**音注**行，去聲」至「又孰有過於此者」，《孝經叢書》本與《總類》本出入較大，詳上文三注。

孝弟之至，通於神明，光於四海，無所不通。《詩》云：「自西自東，自南自北，無思不服。」

此總贊孝道感通之大，復引《詩》以咏嘆之也。夫孝父母而天地明察，順長幼而上下雍熙，此之謂「孝弟之至，通於神明，光於四海」。夫幽可通於神明而神祇格，明可光於四海而萬姓孚，則合乎上下神人，而無所不通矣。不有徵於《文王有聲》之詩乎？《詩》云：自西而抵於東，自南而抵於北，盡天下之人矣，無不心悦誠服，而咸歸於化者，亦以孝道感通而無間也。明王之孝，果孰有大於此者乎？〔一〕

此章統論明王之孝之大，無間於生死存亡而一之者。説者不察，以首節即主祭享言，然則明王於父母，直待祭享而始盡其孝乎？此皆執滯之言也。若以爲然，則下文「宗廟致

〔一〕「此總贊孝道感通之大」至「果孰有大於此者乎」一段，《孝經叢書》本作：「上言孝父母而天地明察，順長幼而上下雍熙。此之謂『孝弟之至，通於神明』。神明，即天地也。通謂感通而無隔礙。光謂變化而有光輝。蓋孝弟神明總是一理，四海萬民原無二心。幽可通於神明，顯可光於四表，徹幽徹顯，無所不通，誠如《文王有聲》之詩所云也。『無思不服』，即是無不心悦誠服，而興起於孝，故引以贊之。此著明王事親之孝，而兼及弟道言之，非並舉以相對也，讀者不可不知。」

敬」爲重出矣。此内草廬先生以「天地明察，神明彰矣」八字錯簡在「故雖天子」之上，今移易於「鬼神著矣」之下，學者近多宗之。鴻仍依舊本，但分屬三段看，正見聖筆精妙，包括無遺無錯，又何必支離纏繞，而移易於後？此蓋惑於「孝」「弟」二字要平看，不思「弟」字係是帶説者，非對舉以並言。○首節止言「事父孝」，至「神明彰矣」，不申「長幼順」二句者，以天地既明察矣，況長幼有不順乎？神明尚昭彰矣，況上下有不治乎？或以此二句專指弟道説，則王者之治化，豈偏屬於悌道乎？殊不思能孝自無不弟，又舉幽則明者可見。○次段止申「鬼神著矣」一句，不及天地、不及治平者，蓋以上下可類而推，孝極自無感而不應。○末段方提出一「孝弟」字來，又不言通鬼神及治平者，蓋以通神明，則鬼神在其中；光四海，則治平在其内。聖筆精徵，言簡意盡如此。○《孝經》一書，惟此章最難會晤，古今諸注似未協經旨。鴻重梓三遍，俱未釋。然今復思二説，俟高明者採擇。且天子之孝，四海儀刑，夫子於一經而三致意焉，良可見矣。鴻故悉以「天子」三章，咸列於篇之首。〔一〕

全章總論。○此章極言孝道之大，推之而無所不通也。試觀昔者明王之孝，至孝也。

〔一〕「此章統論明王之孝之大」至「咸列於篇之首」一段，《孝經叢書》本無。

推其所以事父者，致敬於郊而事天之道明；推其所以事母者，致敬於社而事地之道察。能孝父母，必能悌長慈幼，而又推其所以以順長幼者施於德教，而上下之人治。此特明王所自盡云爾，然感通之機，孰有大於此者？人固易感，無論也。而天地雖大，幽明一理，明王既昭假於天地者明矣，察矣，則郊社之時，必然天神降、地祇出，神明有不彰顯者乎？孝通天地如此。又觀凡爲天子者，其尊必有父，其先必有兄，是故所當孝悌者也。天子能推其所以事乎父兄者致敬於宗廟，敬其所尊，愛其所親，不忘親也。又且脩身慎行，善繼其志，善述其事，恐辱先也。此亦天子所自盡云爾，然感通之機，又無有大於此者。蓋鬼神雖幽，祖孫一氣，天子既昭假於鬼神者敬矣，脩矣，慎矣，則禘嘗之際，祖考必然來格，鬼神有不昭著者乎？孝通鬼神如此。由是觀之，孝弟之至，可以通於天地鬼神，而況於人乎？故曰：通神明，光四海，無所不通。而雍熙太和之化成矣，上下之治安足云哉？引《大雅》之詩，正明孝道感通之大也。昔夫子嘗謂：「明乎郊社之禮，禘嘗之義，治國其如視諸掌乎？」亦言格神難，感人易也，深合此章之旨。明孝至此，無餘蘊矣。

子曰：昔者明王之以孝治天下也，不敢遺小國之臣，而況於公、侯、伯、子、男乎？故得萬國之懽心，以事其先王。

此言古明哲之王以孝治天下，即有「至德要道以順天下」之意。蓋天子無生親可事，故以事先王爲孝。以孝治天下者謂天子，能孝於先王，而推其愛敬於一家、一國，以及天下之萬國，而一無所遺。小國之臣謂子、男之卿大夫。見小國之臣且不遺，則其君之爲子、男，與夫爲公、爲侯、爲伯者，悉皆得其懽心可知矣。如是乃所以事其先王，群臣各以其職來助祭者，此也。蓋君能孝於先王而得萬國之懽心如此，否則吾之所以事先王者未至，豈得爲孝乎？○董氏曰：「夫子首言明王，而繼言其不敢，蓋不敢之心即祇懼之誠，即經言天子之孝，不敢惡慢於人是也。」【音注】治，去聲。

治國者不敢侮於鰥寡，而況於士民乎？故得百姓之懽心，以事其先君。

以孝治其國者謂諸侯，能孝於先君，而推其愛敬於一家，以及一國之百姓。侮謂忽之而不矜恤。鰥寡之窮民且不敢侮，則凡衆民與夫秀於民而爲士者，有以得其懽心可知矣。如是乃所以事其先君，正謂恭順以助祭者，此也。蓋諸侯能孝於先君，然後能推之以及一國，而得百姓之懽心。否則，其所以事先君者有未至也，可謂孝乎？諸侯亦無生親可事，故以事先君爲孝。

治家者不敢失於臣妾，而況於妻子乎？故得人之懽心，以事其親。

以孝治其家者謂卿大夫，能孝於親，而推其愛敬於一家之人也。失謂不得其心。臣妾，家之賤者；妻子，家之貴者。於臣不失，則子可知；於妾不失，則妻可知。如是乃所以事其親也。蓋能孝於父母，然後能推於一家之人，而得其懽心。否則，其所事親者有未至也，可謂孝乎？

夫然，故生則親安之，祭則鬼享之。是以天下和平，災害不生，禍亂不作。故明王之以孝治天下也如此。《詩》云：「有覺德行，四國順之。」

此總結治天下國家者。惟其如此，是以父母生而存，則親安而無所憂；父母没而祭，則鬼享而魂來格。是以普天之下，既和且平，而無有乖戾之氣。天災之甚者爲害，人禍之甚者爲亂。由鬼享而上達，則天道順而無災害；由親安而下達，則人道順而無禍亂。此以孝治天下之極功也。蓋由天子身率於上，諸侯以下化而行之，四海皆興於孝而爲順也，故引《大雅·抑》詩以明之。鴻以上章叙明王以孝事親，而致天地鬼神之昭格；此章叙明王以孝爲治，而得萬國臣民之懽心。明王之孝德如此，豈非萬世之聖王所當仰法者哉？

曾子曰："敢問聖人之德，其無以加於孝乎？"子曰："天地之性，人爲貴。人之行，莫大於孝。

此曾子因夫子首言孝爲德之本，又云孝爲德之至，故敢問聖人之德，其無以加於孝乎？夫子以人物均得天地之氣以成形，均得天地之理以爲性，然物得氣之偏而其質塞，人得氣之正而其質通，是以人能全其性而與天地參。故得天地之性者，惟人爲貴，物莫與同也。性之德，爲仁、義、禮、智，皆統屬於仁。仁之爲愛，莫先於愛親。故人率性而行，其行莫大於孝。人惟不知孝之大，所以失於自小；不知人之貴，所以失於自賤。自賤則雖有人之形，而實無以異於禽獸；自小則雖有聖賢之質，而竟無以拔於凡流。此夫子答曾子之問而云然者，所以使人知自貴，而先務其大者。董仲舒謂人必自貴而後可以爲君子，亦此意也。

孝莫大於嚴父，嚴父莫大於配天，則周公其人也。昔者周公郊祀后稷以配天，宗祀文王於明堂，以配上帝。

此又因孝之大而推言之。然孝之事不一，而莫大於尊其父；尊父之事不一，而莫大於以父配天。惟天爲大，尊莫與對，能以父配天，斯爲尊敬之至。嚴即是尊敬也，古之人能盡此禮者，惟周公。蓋以萬物本乎天，文、武之功本於后稷，故冬至以后稷爲始祖，而配天祀於郊。冬至者，一陽始生，萬物之始，尊后稷猶尊天也。萬物成形於帝，而人成形於父，故季秋以文王配享上帝於明堂。季秋者，萬物之成，尊文王猶尊上帝也。天以形體言，曰天尊之也；上帝以主宰言，曰帝親之也，其實一而已矣。所謂明堂者，廟之前堂也。凡廟之制，後爲室，前爲堂。室則幽暗，堂則顯明。故享人鬼則於室，祀天神則於堂也。此禮一定，而文王世世得以配上帝，少遂周公嚴父配天之心。蓋當是時，周公秉制禮之權，而成文、武之德，故稱文王爲嚴父以配天，非謂凡有天下者皆當以父配天也，讀者不以辭害意可也。

是以四海之内，各以其職來助祭。《詩》云：「夙夜匪懈，以事一人。」夫聖人之德，又何以加於孝乎？

此言四海之内，諸侯各以其職來助祭，畢獻方物，克供郊廟之祀事，如《蒸民》之詩所謂：夙夜不怠，惟敬奉一人。甚哉！孝道之大，無以加於此者。○此章曾子疑聖人之德，若有加於孝之外者。故夫子歷叙孝德之大，而述周公之聖以證之。可見聖人之德，惟孝爲至，更有何者可加於孝乎？

曾子曰：甚哉！孝之大也。

曾子因夫子首言孝道之大，繼言明王之孝，又叙孝治之功，復贊聖德之無以加於孝〔一〕，故於此極言而贊美也。

子曰：夫孝，天之經也，地之義也，民之行也。天地之經，而民是則之。則天之明，因地之義，以順天下。是以其教不肅而成，其政不

〔一〕「又叙孝治之功，復贊聖德之無以加於孝」，《孝經叢書》本作「聖人之德，又申明至德要道之妙」。

嚴而治。

孝之爲道，在天則爲常經，一定而不可易；在地則爲大義，裁制而得其宜；在民則爲懿行，五常由之而爲德之本。夫天高地下，物莫與齊，民藐然其中，何敢以爲等？今夫子列三者而並言，蓋以民之所行非自矯揉於其間，實乃則天地之常經而效法之爾。父，天道也，得天之性而爲慈愛；地，母道也，得地之性而爲恭順。故孝也者，天之經、地之義而人之行也。孝本天地之常經，而人於是取則焉。是以聖人則天之明，因地之義，以此爲道，而順天下，興起〔一〕其愛親敬長之心。故其教不待戒肅而自成，其政不待威嚴而自治耳。聖人之政教感人神速如此，若以私智小術而驅其民，民焉肯從其教也哉？〔二〕

子曰：君子之教以孝也，非家至而日見之也。教以孝，所以敬天

〔一〕「興起」二字，《孝經叢書》本無。

〔二〕經文「曾子曰甚哉孝之大也」至「其政不嚴而治」及下疏解文，《孝經叢書》在經文「禮者敬而已矣」一段疏解文下。「聖人之政教感人神速如此，若以私智小術而驅其民，民焉肯從其教也哉」，《孝經叢書》本作「政教感人之如此，若以私智小術而驅民，民肯從其諷也哉」。

下之爲人父者也。教以弟，所以敬天下之爲人兄者也。教以臣，所以敬天下者爲人君者也。《詩》云：「豈弟君子，民之父母。」非至德，其孰能順民如此其大者乎！

章首專言孝，而章内兼言弟與臣者，蓋孝也者，施於兄則爲弟，施於君則爲臣，同一順德，所以爲德之至也。故言以孝教天下之人者，豈必家至而論，日見而誨也哉？只上行而下自效爾。夫上之人躬行孝、弟、臣以教，則天下之人無不效之，而各敬其父、兄與君。是上之自敬其父、兄、君者，乃所以敬天下之爲父、兄與君者也。故引《泂酌》之詩而釋之。吴氏曰：「豈，樂也；弟，易也。躬行孝、弟、臣之德者，樂易之君子也。人皆效之而各敬其父、兄與君，是足以爲民之父母。非有孝之至德，其何能達此順德於天下乎？」鴻謂聖經首論「至德」而未及發揮，故於此詳言之。

子曰：教民親愛，莫善於孝。教民禮順，莫善於弟。移風易俗，莫善於樂。安上治民，莫善於禮。

教民知有親而愛其父，則莫善於孝。教民知有禮而順其兄，則莫善於弟。風者，上之化所及；俗者，下之習所成。移謂遷就其善，易謂變去其惡。由父子之和而被之聲容以爲樂，樂有鼓舞變動之意，故移風易俗者莫善於樂。由長幼之序而著之節文以爲禮，禮有貴賤尊卑之等，故安上治民，莫善於禮。蓋孝、弟、禮、樂，各舉其要而言之，實則一本也。四者之中，孝尤爲要，而弟即次之〔一〕。人而孝弟，則其心和順，和即樂也，順即禮也，四者亦相因而成也。

禮者，敬而已矣。故敬其父則子悦，敬其兄則弟悦，敬其君則臣悦，敬一人而千萬人悦。所敬者寡而悦者衆，此之謂要道也。

承上文「禮」字而言。所謂敬者即是一個孝，孝兼愛敬。而此獨言敬者，蓋子於父母愛易能，而敬難盡，故特推廣敬之功用如此。言此心之敬，隨遇而見，惟上之人以此而自敬其父、兄與君，則下之爲人子、爲人弟、爲人臣者，皆悦慕而效之，以事其父、兄、君矣。故上之所敬者，不過一人，若是其寡；下之效法而各事其父、兄與君，乃至千萬人焉，何如其衆乎？此所以爲道之要。蓋敬父、敬兄、敬君之道，亦非勉而行之，乃人心之同然，天性

〔一〕「而弟即次之」五字，《孝經叢書》本作「故能弟」三字。

所固有，上行下效，自捷於影響焉耳。鴻謂聖經首論要道而未及發揮，故於此詳言之。

子曰：父子之道，天性也，君臣之義也。父母生之，續莫大焉。君親臨之，厚莫重焉。

父子君臣，天下之大分；主恩主義，天下之至情，故道莫大於恩義。父慈子孝，相親相愛，乃天性之本然；然父尊子卑，又有君臣之義，亦天分之自然，故所係甚重耳。且父母生子，其氣始於父，而其形成於母。一體而分，爲親之枝，上以承祖考，下以傳子孫，其嗣續之責，更無有大於此者。《易》曰：「家人有嚴君焉，父母之謂也。」父母既爲我之親，又爲我之君，而臨乎其上，其恩義之厚，又豈有重於此者乎？音注焉，平聲，下同。

故親生之膝下，以養父母日嚴。聖人因嚴以教敬，因親以教愛。聖人之教不肅而成，其政不嚴而治，其所因者本也。故不愛其親而愛他人者，謂之悖德；不敬其親而敬他人者，謂之悖禮。

謂父母生子，至於膝下之時，僅週歲耳。然能親悦父母，又嚴畏父母，此心即知愛敬，但未識其真而充之耳，非是先有愛心，至長大時，方有敬心，故此便見良知。聖人因其有嚴畏之心，即教之敬親；因其有親悦之心，即教之以愛親，故其教不待整肅而自成，其政不待嚴督而自治，蓋皆因其固有之良而啓之以一本之意耳。若昧此一本，而愛敬先及他人，則逆天之性而悖德、悖禮，非人子也，不祥莫大焉。夫順逆非他也，由本及末，謂之順；捨本趨末，謂之逆。敬難盡而愛易能，當知愛敬一心，未有能愛而不能敬者。今聖人立教，先敬而後愛，正所以扶植天倫，整齊人道，全其所謂一本，而使人不流於情昵狎比者，聖人之大訓也。鴻謂天性純良，愛敬咸著，此際之敬，非與及其長也而後知敬兄之敬同。

子曰：孝子之事親也，居則致其敬，養則致其樂，病則致其憂，喪則致其哀，祭則致其嚴。五者備矣，然後能事親。

致者，極其至之謂，一毫不可不盡者。故孝子之事親也，隨在而各致其極，隨事而悉盡其心，未致其極而其禮不備，均不可以語孝。今父母平居之時，人子當致其恭敬，如昏定晨省，出告反面，夔夔齊慄之類。供養之時，當盡其歡樂，承顔順志，聚百順以娱其心，如斑衣戲彩，而無所拂之類。父母有疾，當盡其憂，豈惟醫禱畢備，如言不翔、行不惰、色容不盛、冠帶不服之類。父母死喪，當致其哀，如擗踊哭泣、呼號籲天無已之類。歲時祭祀，當盡其嚴，如齋戒竭誠、思其笑語居處之類。夫居、養、病皆事生，喪與祭皆事死。敬、樂、憂、哀、嚴五者，各於其時克盡，斯爲人子之事親，而孝道畢矣。

事親者居上不驕，爲下不亂，在醜不争。居上而驕則亡，爲下而亂則刑，在醜而争則兵。三者不除，雖日用三牲之養，猶爲不孝也。

爲人子者，居人之上，不可恃其位之尊而傲其下；居人之下，不可忘其分之卑而犯其上；在同類之中，不可專利逞怒而至於争。苟居上而凌下，則失道，而取滅亡；爲下而悖逆，則犯分，而致刑戮；在醜而相争，則啓釁，而召兵端。夫曰驕、曰亂、曰争，三者皆喪身之事也，苟或不免，則忘身辱親，縱日用牛、羊、豕之三牲以養父母，而父母豈能安於所養哉？其爲不孝也大矣，此人子之所當深戒也。音注 養，去聲。

子曰：五刑之屬三千，而罪莫大於不孝。要君者無上，非聖人者無法，非孝者無親，此大亂之道也。

五刑之條目，雖有三千之多，而罪之至大者，無過於不孝。不孝之罪所以爲至大者，何哉？以其爲大亂之道耳。夫君者，臣之所稟命者，而敢於要脅，是無上也。聖人者，法之所從出者，而敢於非議，是無法也。人有父母，身之所由生者，而敢以孝道爲非，是無親也。人必有親以生，有君以安，有法以治，而後人道不滅，國家不亂。若三者皆無，豈非大亂之道乎？〇此章概論人子之事親，其道有五，其戒有三。若要君與非聖、非孝者，斯爲大亂之道也。

子曰：閨門之内，具禮矣乎。嚴父嚴兄。妻子臣妾，猶百姓徒役也。君子之事親孝，故忠可移於君。事兄弟，故順可移於長。居家理，故治可移於官。是以行成於内，而名立於後世矣。

此言閨門之内，近而一國，遠而天下，禮實具〔一〕焉。蓋家有嚴父，則父有君之道矣；家有嚴兄，則兄有長之道矣。至於家之妻子、臣妾，猶官府之百姓徒役，所處雖殊，其理則一。故君子之事親極其孝矣，以孝事君則忠，而忠可移於君；事兄極其悌矣，以敬事長則

〔一〕「具」原作「其」，據《孝經叢書》本改。

順，而順可移於長。至於妻子、臣妾各得其所，則「施於有政，是亦爲政」，而治可移於官。是以孝悌之行成於内，忠順之道達於外，名豈有不立於後世者哉？○此章下八句申明上七句，兩「内」字相照應。

子曰：君子之事上也，進思盡忠，退思補過，將順其美，匡救其惡，故上下能相親也。《詩》云：「心乎愛矣，遐不謂矣。中心藏之，何日忘之？」

此言君子之事君也，自私家而適公所，爲進見之時，事有當陳者，則必罄竭其心而致其忠；自公所而歸私家，爲退居之時，責有未塞者，則必彌縫其闕而補其過。至於君有一念之善，則將順其美而助成之，無使優游阻遏而終止也；君有一念之惡，則匡救其惡而諫止之，無使昏蔽遂成而不救也。夫君子能以此四者而事其上，則君享其安佚，臣賴其尊榮，君臣上下所以能相親也。蓋君猶父，臣猶子，不啻一家；君元首，臣股肱，誠若一體。豈非相親之至乎？不觀《小雅·濕桑》之詩，言臣心愛君，雖在遐遠，不謂遠者。蓋愛君一念，藏之中心，無日暫忘也。遠猶不忘，況於近乎？鴻以人臣事君之忠，咸本於事親之孝，故求忠臣必於孝子之門。《大學》謂「孝者,所以事君也」,諒哉!後世有作《忠經》以擬《孝經》,徒知忠孝雖並稱,不知忠本於孝,而移孝斯可爲忠矣。

曾子曰:若夫慈愛恭敬、安親揚名,參聞命矣。敢問子從父之令,可謂孝乎?子曰:是何言與?是何言與?

曾子曰:參承夫子之教,其慈愛恭敬,顯親揚名,皆事親之孝,固得聞命矣。然親之命令,未必無過差。苟不順乎親,不可以爲子;爲人子而悉從父之令,可謂孝乎?夫見非而從,成父不義,有害於孝,理所不可。故夫子重言,以致戒焉。音注 與,平聲,下同。

昔者天子有争臣七人,雖無道,不失其天下。諸侯有争臣五人,雖無道,不失其國。大夫有争臣三人,雖無道,不失其家。士有争友,則身不離於令名。父有争子,則身不陷於不義。故當不義,則子不可以弗争於父,臣不可以弗争於君。故當不義,則争之。從父之令,又焉得爲孝乎?

此又夫子推廣言之。昔者天子、諸侯與大夫皆置諫臣，蓋於失道必争之，雖失而旋復，所以免於危亡也。惟士無臣，必有友以争之，故身不失其令名。是以天子至於庶人，爲臣子者，見君父之過，皆不可以順從而不諫。若夫争臣之數，亦姑約言之爾。其實諫者衆，必出於公，人可以數限乎？然天子、諸侯、士大夫之子均爲子也，均愛父也。父若有過，子必幾諫，無諉之争臣、争友可也。夫子是以總結之曰：故當不義，則子不可以弗争於父，臣不可以弗争於君。先父子而後君臣，其旨深矣。又曰：故當不義，則争之。從父之令，又焉得爲孝乎？此復歸重於子，以見從親之令爲非。蓋父子雖有賊恩之戒，當其不義，則不容以不諫。不諫則陷父於惡，而大不孝矣。鴻以君父有過，臣子皆當委曲諫諍，必諭之於道，而後可謂之孝。大抵諫之道有二，有直諫、諷諫之不同。若諫君當從諷爲是，諫父當幾諫爲宜。不然，何夫子曰：「吾其從諷諫。」又曰：「事父母幾諫。」【音注】争，去聲，下同。離，去聲。焉，平聲。

子曰：孝子之喪親也，哭不偯，禮無容，言不文，服美不安，聞樂不樂，食旨不甘。此哀戚之情也。

人子於父母本同一體，生成之恩，昊天罔極。一旦不幸而死，存殁頓異，豈不割裂五内、恨至終天乎？故哀痛之極，其哭也不偯，氣竭幾盡，無復餘聲也。其禮也無容，觸地局脊，不暇脩儀也。其言也不文，内痛無已，不暇修詞也。以至服美有所不安，故服衰麻；聞樂有所不樂，故不聽樂；食味有所不甘，故食蔬食。此六者，皆孝子哀戚之真情，一性焉而已，非聖人能强之也。音注 喪，平聲。偯，於其反。

三日而食，毁不滅性，教民無以死傷生也。喪不過三年，示民有終也。此聖人之政也。

孝子於親始死，水漿不入口者三日，過三日，則恐傷生，故爲糜粥以食之。性者，人之所受於天以生者也。性中有仁，仁之發爲愛，而愛先於親。父母存而愛敬之者，根於性也。父母没而哀戚之者，亦根於性也。若以過哀之故而殞其身，則性因之以滅，此反失於不孝，其可乎？故雖毁瘠，而不至滅性，蓋教民無以哀死而傷生。孝子之於親，有終古淪心之痛，視三年之久，猶旦夕耳，哀豈能忘哉？然其情則無有窮已。故雖父母之喪至重，亦不過三年者，蓋示民有終竟之時也。此皆聖人之政，因人情而爲之節文，無賢愚貴賤一也。

爲之棺槨、衣衾，而舉之；陳其簠簋，而哀戚之；擗踊哭泣，哀以送之。卜其宅兆，而安厝之；爲之宗廟，以鬼享之；春秋祭祀，以時思之。

此自聖人之政而詳之。其始死也，爲之棺以藏體，槨以附棺，衣衾以周身。然後舉而斂之，謂舉尸加其上，納其中也。先言棺槨者，以棺槨歲制難得耳。其朝夕奠也，則不見親之存，陳其簠簋而傷痛哀戚之。其祖餞之，則不忍吾親之去，女擗男踊，號哭涕泣而往送之。爲墓於郊，則不惟謀及乃心、詢之衆議，尤必爲之龜筮，以卜之宅兆者。塚穴曰宅，墓域曰兆，必得吉而安厝之，然後其心始慰耳，此慎終之禮也。爲廟於家，必有制也，則倣禮而爲之。三年喪畢，遷主於廟，以鬼享之；及其久也，寒暑變更，春秋祭祀，以時思之，此追遠之禮也。念親之意，果有窮乎？此皆聖人之政，亦因人情而爲之節文，無賢愚貴賤一也。音注 喪，平聲。擗，婢亦反。

生事愛敬，死事哀戚，生民之本盡矣，死生之義備矣，孝子之事親終矣。

此又合始終而言之，以結其意。孝子之事親，存亡生死無有間心。於其生也，事之以愛敬；於其死也，事之以哀戚。生死皆致其孝，然後足以盡生民之本，備死生之義。民之生也，心之德爲仁，仁之發爲愛。愛親，本也；及人，末也。故孝爲生民之本。義者，宜也。生而愛敬，死而哀戚，理所宜然。故曰：死生之義至此，則生民之本盡於此，養生送死之義備於此。末復結之以孝親之事終於此。如是而力行不怠，人子又焉得有遺憾焉？

鴻傳次《家塾孝經》以誨兒曹，誠一人之蠡見也。近同志欲梓之，以求正於有道。其章第、傳釋，先正已言之詳矣，鴻豈敢贅。但聖言廣大精微，道徹上下，若分析摘釋，未免得此遺彼。善學者第於編輯之先後而詳究默察焉，則聖經之旨趣思過半矣。

家塾孝經終

夫聖言閎邃，匪精誠神悟，莫或契其旨；衆論紛賾，匪博綜玄覽，孰能究其歸？竊見夫後之傳經者，掇拾未得其詳，考釋弗求其當，臆管横參，專門自擅，罔知取材千腋以成裘，每以窺豹一班而自蔽，無惑乎？經之日以晦，而道之日以湮也。《孝經》授受於孔、曾而厄於秦，幸存於孔壁而出於漢。自後諸儒解釋代有訓疏，篇章互更後先，見時有殊，求明無二。世之學者視爲凡近而遺忽，罔尊者衆矣。

吾鄉漸逵朱先生者，家君筆硯之石交，武林逢掖之翹楚也。幼孤力學，孝義著聞。蚤涉名場，默爾辭榮於聖世；晚逃俗學，奮然私淑於陽明。父母、昆弟、國人殊無間言，當代名公鉅卿特加獎異。志也幸獲樞趨，時聆雅誨。廼於清燕之下，手出《家塾孝經》，質疑有述，疏義有稿，誦之則親切簡明，察之誠真脩實踐。猥以鄙人，獲聞聖門奥旨，先生之發吾覆也，何其大哉！噫！是書也，一理燦然，群蒙發若，還淳風於末俗，炳大義於將來，誠立言之弘致，不朽之盛軌也。且不當私之於家，而梓之以公於世，其嘉惠之心何如耶！先生瞿然起謝，曰：「如君言，則吾豈敢？若質之大君子，以訂可否，則吾之願也。」敬書於末簡。

萬曆癸未九月重陽日仁和後學錢正志頓首書

孝經本文一説

相不侒，竊嘗有志于聖學。聖學者，心學也。一元沕穆之始勿論已，兩儀既奠，而三才之道彰。則一元之秘，獨契于聖人之一心。自羲皇一畫而爲心學之祖，宣聖一貫而爲心學之宗。時至春秋，教化漓而人心陷溺，君權世道大裂不支。聖爲此懼，斷魯史以維既墜之王法，闡《孝經》以覺未泯之人心。要皆本吾天地生生之心，廓吾天地生生之德。然德莫大于盡孝，孝即良知良能。此心之愛敬爲之，匪襲也。命于天，率于性，彰于教，通于治，藴于人心，流行于萬事萬化。爲先王之至德要道，此也；爲有生之人紀天常，此也；爲哲后之修齊治平，此也。及其至也，通神明、和上下、格天地、光祖宗、達四海，前乎千萬世之既往，後乎千萬世之將來，無所不通，無往不善。信哉，《孝經》一書，孔、曾授受之，藴吾道一貫之精乎！夫道以一貫，則孝以心盡，舉一孝而天地古今之治化畢矣。

惜嬴熛作而經殘教潰，歷代君臣好尚靡定，聖學罔聞，遂至諸儒紛紛各售己見，分門立户，考索異同，而有拂經鑿經議經之失。嗟乎！此聖一大厄也。

予嘗反覆玩味，經之本文數百語，直截簡明，其旨燦然，其義秩然，其體察躬行一指掌而化理藹然。言天子則舉天下之孝盡之矣，言諸侯、卿大夫則舉一國一家之孝盡之矣，言士庶則舉一人一身之孝盡之矣。明此而大順充溢，比屋可封，天下復覩唐虞三代之盛，何古今率貿貿焉莫知所自也哉者？曰：子以一貫説經，深明此孝渾然一理，無事紛張，似矣。其間孔、曾更端問答之詞何居？噫！此正聖賢教思無窮之心，萬物一體之學。先揭明王孝治以端化本，更歷叙孝行以崇化機。至于因人情以爲節文，因上之善政善教以及不軌之懲戒、閨門之幽隱，而凡有裨于人心化理至詳至密，無非欲人各隨其分，以盡吾性，以全吾孝。至求其化成天下之本，實係于吾君之建心極。嗟乎！惟皇建極，大化攸同，此誠聖經垂範之大旨。譬猶麗天之宿，一舉首而在目中；合轍之車，不出户而通天下。古謂一孝立而萬善備，非一貫之旨歟？第愧後儒罔求聖學心源，惟競俗流，訓詁前後異見，遂析爲古文、今文之辨，是謂拂經；分章注釋，以各眩己長，自多博識，是謂鑿經；删煩訂訛，迄無定論以破千古之惑，是謂議經。三者出而全經愈蝕，俾聖心獨得于天之藴，乃爲後世支離口耳之談，其獲戾聖教何如耶？有志聖經者，莫先于明一貫之學，庶可覷其微矣！嗟呼！大道莽于多歧，聖學戕于論辨。予深慨夫曲學之詆毁者，名教之所不貸也。

他如辨議雜然，曾未見有協一者。

惟朱君子漸本文卷，即心揆理，直探孔、曾之遺文；辨惑質疑，悉祛穿鑿之陋習。是崇正之一機也。故予亦漫爲《本文一説》，以求質于子漸，共明此學，而樹砥障傾，洗百家誕妄而一空之，其幸有以誨我。

海昌後學褚相撰

古文孝經直解

【明】朱鴻 撰
李静雯 點校

點校説明

《古文孝經直解》一卷，明代朱鴻撰。鴻，事跡見前《家塾孝經》。朱氏認爲《孝經》一書大旨並非「專指人子事親一節而言」，故撰是書「明夫子重孝治之意」。書前有沈淮序及自撰《孝經考》。其書先列古文經，其下訓釋大意。其前所撰《家塾孝經》側重事親，二書内容有重疊之處，可相互參照。

是書有《孝經總類》本、《孝經總函》本（《孝經大全》十集本戊集目録列是書，實被江元祚析入《孝經彙注》中）。此次點校以《孝經總類》本爲底本，並參校《孝經總函》本爲。

孝經古文直解序

淮竊窺一元有順機，三才無逆運。天之所以五行循轍、四序合宜、雨暘時若者，以順也；地之所以山不至童、川不至沸、陵谷不至易位者，以順也；民之所以協於性、若於倫，而遵道遵路者，亦以順也。順惟何居？曰孝而已。孝，順德也，天之經也，地之義也，民之行也。經云：「先王有至德要道，以順天下。」然則聖人因性立教，而能通神明、光四海者，亦惟本諸天地而已矣。故經又云：「聖人則天之明，因地之義，以順天下。」是天地所以成化，聖人所以成能，疇非由斯順哉？是以平章根於親睦，於變始於底豫，六州心向，四海永清，基之於三朝繼述之善。嗣是而往，凡其治少臻隆，化少媲古，爲一代稱美者，均之乎根天性、本順德以御其世耳。自夫孝不明而順德塞，順德塞而教化湮，正所謂「以順則逆，民無則矣」，何惑乎治之不古若哉？洪惟我太祖高皇帝，闢再造之乾坤，整維新之中土。兵以順動，而羶漠凈洗；政以順布，而夷夏欽從。立極以孝，貽燕以孝。列聖〔一〕相承，受守

〔一〕「列聖」二字原闕，據《孝經總函》本補。

畫一，益恢天性之良，丕鑄子職之範。浹洽既久，大順成風。雖頑鯨跳梁，而群黎按堵；雖凶歲迭遇，而百姓乂安。所謂乘隙搆亂者，孰萌芽哉？我明之治，遠追上古，近超百王，極盛而莫逾者，乃孝治天下之明證大驗也。

甚哉，孝乎廣矣大矣！不可以近小窺矣！兹固孔子傳經奥旨，非踐其實、察其深者，何以能測識乎？余友朱君鴻，事親之餘，蒐研經義，訂正古、今之文，輯録經書之語，酌己見，質事實，彙以成帙，欲俾家誦户讀。夫若是，則豈特發良性於蒙幼之天耶？所以續孔、曾之心法，洩一元之幾，推三才之原，而明治平之道者，胥是帙也。其於天下國家之化，寧無小補云？予不敏，竊敢以此爲朱氏子漸發。

仁和後學三洲沈淮譔

孝經考

謹按漢《藝文志》及《鈎命訣》《孝經中契》《孔聖全書年譜》、宋景濂《生卒辯》，謂孔子七十二以《春秋》屬商，而《孝經》則以屬參，是《春秋》《孝經》之成似同斯時也。夫魯麟生而《春秋》作，《孝經》成而圖文見。天人交應，理固然者，其垂憲萬世，宜矣。由魏文侯立傳，傳至嬴秦，與六籍同燬。漢興，惠帝除挾書律，《孝經》自顔貞氏出，乃隸書也，故名「今文」。文帝爲置博士，司隸有專師，制使天下誦習焉。及涼州變，令家家習之，詔書詰責。武帝時，孔壁出《孝經》，皆蝌蚪書也，故名「古文」。光武時，令虎賁士習之。明帝時，令羽林悉通《孝經》章句。是時，不惟天下之經生學士，而家誦户習，遍武人矣。況廟號率用「孝」謚，選士每先孝廉，世稱漢治近古，詎不誣哉！第歷代表章經籍，咸列學官，直以此經明顯，未令諸儒會議，故經旨未能統一。悠悠千載，可勝嘆哉？曹魏以後，注者無慮百家，於是晉永和及孝武大元間，再聚羣臣，共論經義。迨梁武帝撰疏十八卷，簡文帝撰疏五卷，梁昭明、唐壽王及諸胤子皆講於殿庭，唐太宗命孔穎達講於國學。是累朝之英君碩輔靡不尊尚，而諸儒之注疏多穿鑿踳駁。開元間乃詔羣臣集義，至玄宗最爲好古，篤信是經，剪繁蕪，撮樞要，重加注疏，更爲精密，書勒國學，仍勅家藏，學者至今稱《石臺孝經》云。宋太宗有御書《孝經》，仁宗有篆、隸二體，高宗有真、草二刻。復詔邢昺、杜鎬爲置講義。是此經之流播宇内，如日中天，誠六經之總會，百王之衡鑒也。夫何王安石以偏拗之學，既以斷爛視《春秋》，而此經亦以淺近見黜。夫昔之火於秦也，旋復於漢。今徒挾司馬公之隙，遂使先王至德要道晦蝕者餘五百年，其禍較之秦尤烈矣。洪惟我明，尊號定謚，必加「孝德」於聖母，以端孝之本。洪武初，會《孝經》大旨纂爲《御製六言》，使遒人振鐸於路，以發孝之端。永樂間，命儒臣纂集《孝順事實》，以收孝之實。二祖之教以孝也，何啻家至日見哉？列聖相承，率循是，道胤是。嘉靖中興，尊崇至孝，超越千古，纂《明倫》一書。萬曆庚辰乙酉，咸以此經策士，用之掄材。今皇上益篤孝思，親御《孝經注疏》留置扆前，蓋欲以風示天下。必且進之經筵，頒之學官，使得與五經四書竝列于世，以臻夫重熙累洽之盛者，端有竢於今日。

古文孝經直解

仁和後學朱　鴻直解
仁和後學趙　觀校正
新安後學胡正寧閱梓

鴻直解是編，大旨明夫子重孝治之意而作，非專指人子事親一節而言。後世惟以事親之道解之，故有紛紛疑議。盍不思夫子以《孝經》屬參，開口便説「先王有至德要道，以順天下，民用和睦」等語，分明爲王者告，何嘗特爲人子語及蒙穉習？讀者詳之。

仲尼閒居，曾子侍坐。子曰：參，先王有至德要道，以順天下，民用和睦，上下無怨，女知之乎？

仲尼，孔子字。曾子，孔子弟子，名參。孔子言古先聖王有極至之德，切要之道。夫孝根於心，謂之德；孝事於親，謂之道。夫子欲曾子篤信此孝道爲治平之準則，故先以「至」「要」二字啓之，言先王用此以順天下之心，而天下之民莫不親親、長長，因而和睦。

故上而人君，下而臣民，皆無相怨尤，安於大順之中。此可見德之至、道之要也，女能知之乎？蓋由曾子平日惟知戰兢保身、竭力從親之爲孝，而不知王者之化端本於此。故夫子進而教之。

曾子避席曰：參不敏，何足以知之？子曰：夫孝，德之本，教之所由生。復坐，吾語女。

曾子聞孔子之教，即避席而起，言參質不敏，何能知此至德要道。孔子云至德要道非他，即此孝也。蓋孝乃爲仁之基，仁、義、禮、智皆德也，孝非德之本乎？是以謂之至德。能孝，則忠可移於君，順可移於長，民用和睦，上下無怨。其錫類有如此，非教之所由生乎？是以謂之要道。夫子欲詳語之，故命之復坐。

身體髮膚，受之父母，不敢毀傷，孝之始也。立身行道，揚名於後世，以顯父母，孝之終也。夫孝，始於事親，中於事君，終於立身。《大雅》云：「無念爾祖，聿脩厥德。」

人之一身，四體、毛髮、皮膚，皆受之父母。父母全而生之，子當全而歸之，一有毀傷，何能再續？是以樂正子春下堂傷足，憂形於色，蓋爲此也。子能保護愛惜，不敢毀傷，一舉足而不忘，以全父母之遺體，則凡虧體辱親之事，可信其必無矣，非孝之始乎？由此立身，而仰不愧、俯不怍；由此行道，而上爲國，下爲民。爲法於天下，可傳於後世，不特名揚於一時，且流芳於百世，泝流窮源，即父母亦有光顯也，謂非孝之終乎？人少則慕父母，故始於事親；仕則慕君，故中於事君；孝於親，忠於君，忠孝兼盡，方爲全人，故終於立身。《詩》云：「無念爾祖，聿脩厥德。」人情恒念其祖，而述脩其德，孝之始終備矣。

子曰：愛親者，不敢惡於人；敬親者，不敢慢於人。愛敬盡於事親，而德教加于百姓，刑於四海。蓋天子之孝。《甫刑》云：「一人有慶，兆民賴之。」

此夫子論天下之廣，人有貴賤，位有高卑，等級之差，約有五等，今自天子之孝言之。天子能愛敬其親，又推此愛敬以及於天下，則是吾之德教自然被於百姓，刑於四海，永錫爾類，天下無不知愛敬其親者矣。故引《甫刑》之篇，言一人之福澤，爲兆民所仰賴。天子能愛敬其親，而不敢慢惡於人，即一人有慶也。德教遠被，四海典刑，即兆民賴之也。

在上不驕，高而不危。制節謹度，慢而不溢。高而不危，所以長守貴。滿而不溢，所以長守富。富貴不離其身，然後能保其社稷，而和其民人。蓋諸侯之孝。《詩》云：「戰戰兢兢，如臨深淵，如履薄冰。」

此言諸侯之孝。諸侯，一國之主也，位高賦厚，易於驕侈。今在上不驕，則雖高居民上而不危；制節謹度，則雖府庫充滿而不溢。高不危，則莫不尊親，所以長守貴也；滿不溢，則無悖出之患，所以長守富也。貴在我，則權不下移；富在我，則財無匱乏。社稷有主而能保，民人永戴而不乖矣。社謂土神，稷謂穀神。民謂無位，人謂有位。保社稷而和民人，是能世守而不失。此諸侯之孝也。《詩》云：「戰戰兢兢，如臨深淵，如履薄冰。」諸侯戒謹恐懼，如《詩》所云，故能長守富貴也。

非先王之法服不敢服，非先王之法言不敢道，非先王之德行不敢行。是故非法不言，非道不行。口無擇言，身無擇行。言滿天下無口過，行滿天下無怨惡。三者備矣，然後能守其宗廟。蓋卿大夫之孝也。《詩》云：「夙夜匪懈，以事一人。」

此言卿與大夫之孝。先王制服飾以辨等威，垂謨訓而示鑒戒，貽矩護以作典刑，皆法也。卿大夫服法服，道法言，行法行，是言行遵法合道，而無一之可選擇。雖言行滿天下，而無有失言，無少怨惡。備此三者，是能率祖攸行而宗廟可保矣。《詩》云早夜不惰，而敬事其君，其此之謂乎？〇統觀夫子條陳五等之孝，於庶人始以養父母言，則孝之大旨可默喻矣。

資於事父以事母，而愛同；資於事父以事君，而敬同。故母取其愛，而君取其敬，兼之者父也。故以孝事君則忠，以敬事長則順。忠順不失，以事其上，然後能保其禄位，而守其祭祀。蓋士之孝也。《詩》云：「夙興夜寐，無忝爾所生。」

此言士之孝也。父母皆親，故取其事父者以事母，則愛母亦同；君父一理，故取其事父者以事君，則敬君亦同。但父嚴而母慈，愛生於慈，故母資其愛；親親而君尊，敬起於尊，故君資其敬。若夫父，以恩則天親，以義則嚴君，故愛與敬兼之。能盡愛敬，則孝矣。

移孝以事君，則爲忠；移敬以事長，則爲順。能守此忠順以事上，則君亮其忠，卿相樂其順，而禄位可保矣。惟士無田所賴，以祭祀祖先者，藉此禄位而已。禄位能保，則祭祀可守矣。《詩》之所云，正謂士子朝夕匪懈者，恒恐辱吾所生之親也。使須臾不謹，而或失焉，寧免辱親之罪乎？

子曰：用天之道，因地之利，謹身節用，以養父母。此庶人之孝也。故自天子以下以至於庶人，孝無終始，而患不及者，未之有也。

此言庶人之孝。庶人以務本力穡爲尚，上當順天道，下當因地宜。蓋天有寒暑，而耕耘收獲必隨其時；地有高下，而樹藝五穀必因其利。如此則所入足以供俯仰。若使身不謹，則田地必至於荒蕪，此身必陷於刑戮，非所以養父母也。用不節，則費出無經，易以匱乏，而日用不能給，不足以養父母也。誠能用天之道，因地之利，以開其源；謹身節用，以節其流，然後可以養父母，庶人之孝如此。夫孝，因乎心者也，所存所發而無間於内外，無久無暫而頃刻不可離，何嘗有終始乎？人病不求耳，因心以爲孝，則愛日之誠，自有不可已者，而諉諸力不能，豈有此理乎？夫子列五等之孝，而教戒庶人，惟因其分之所得爲，與力之所可爲者而行之，亦甚易易焉耳。故終之以「孝無終始，而患不及者，未之有也」。

曾子曰：甚哉！孝之大也。子曰：夫孝，天之經，地之義，民之行。天地之經，而民是則之。則天之明，因地之義，以順天下。是以其教不肅而成，其政不嚴而治。

曾子平日但知孝以事親、保身，而不知其道通於天下如此，一聞而遂贊之曰：「甚哉！孝之大也。」夫子答以〔一〕：汝知孝在人身之大，不知實本天地而來。這孝在天常明，喚做「天之經」；在地常利，喚做「地之義」；在人常順，喚做「民之行」。總來是天地經常不易之道，而民法則之，所謂性也。是以聖人法天明以爲常，因地利以行義，順此以施政教於天下，而無一毫强拂矯揉於其間。是以其教不待整肅而自成，其政不待嚴厲而自治者，亦因民之性而順導之耳。

先王見教之可以化民也，是故先之以博愛，而民莫遺其親；陳

〔一〕「以」原作「一」，據《孝經總函》本改。

之以德義，而民興行；先之以敬讓，而民不争；導之以禮樂，而民和睦；示之以好惡，而民知禁。《詩》云：「赫赫師尹，民具爾瞻。」

聖人因見夫則天法地，而成不肅不嚴之政，教以化斯民。是以先推愛親之心，以博愛其民，而民皆法則之。施由親始，無有遺其親者。陳説德義之美以感動民心，民皆興起於行而奮發勇爲，無有甘於暴棄者。先推敬親的，敬讓以順天下，而民無争競者，觀於讓路、讓畔可知矣。復導民以禮，而節其行；導民以樂，而平其情。禮陶樂和，内外交養，民便自然和順親睦。又示以善之當好，惡之當惡，好則有慶賞，惡則有刑威。民便怕犯禁令，從其好而違其惡也。此皆上人以身帥民，故民從其身教也。《小雅》之詩有之太師尹氏赫赫然而爲百姓所瞻仰。師尹尚然，君人者又可知矣。

子曰：昔者明王之以孝治天下也，不敢遺小國之臣，而況於公、侯、伯、子、男乎？故得萬國之歡心，以事其先王。治國者，不敢侮於鰥寡，而況於士民乎？故得百姓之歡心，以事其先君。治家者，不敢侮於臣妾，而況於妻子乎？故得人之歡心，以事其親。夫然，故生則親安之，祭則鬼享之。是以天下和平，災害不生，禍亂不作。故明王之以孝治天下如此。《詩》云：「有覺德行，四國順之。」

謂天子之聖明者，身先天下以孝，而天下化之。是謂以孝治天下，猶言以禮讓爲國也。故雖小國之臣不列於五等者，尚接之以禮，而不敢鄙遺。上而公、侯、伯、子、男，又可知矣。萬國之君感其德化，心皆樂從，執玉帛而助祭於宗廟，以事其先王。到此境界，何孝如之？此即上文不敢惡慢於人之效也。有國之諸侯則而行之，即鰥夫寡妻亦皆知所愛惜而不敢輕侮，況士民又與鰥寡不同，而敢侮乎？百姓感其覆育之恩，心皆喜悦，故當時享或祫祭，或供職事，或獻所有，以事其先君。夫使百姓不忘其先，此又何等之孝也！有家之大夫，亦思上之德化，雖臣妾微賤，恒加體悉，不使失所，況妻之敵體、子之紹先者，而敢失之乎？由是人感其德，無貴賤，無小大，心樂向之，盡力盡勞，以助其奉養乎親，不特己之一身。善事父母而一家亦樂事之，此又何等孝也！親存則安其養，親没則享其祭，上自天子，下及諸侯、卿大夫，以至於百姓，皆化於孝，則天之災害，何由而生？人之禍亂，何由而作？此皆明王孝治天下之效。故《大雅·抑》詩之詞謂：天子有大德行，故四方之國順而行之。此慈湖所謂：簡誦此章，每每樂生，如春風和氣薰集，身在唐虞三代之隆。灼知其效，信不誣也。鴻亦云然。

曾子曰：敢問聖人之德，其無以加於孝乎？子曰：天地之性，人爲貴。人之行莫大於孝，孝莫大於嚴父，嚴父莫大於配天，則周公其人也。昔者周公郊祀后稷以配天，宗祀文王於明堂，以配上帝。是以四海之内，各以其職來助祭。夫聖人之德，又何以加於孝乎？

曾子因夫子極稱孝治以致和平，故復問曰：聖人之德教，尚有加於孝者否乎？夫子以爲天地之生萬物，惟人得其秀而最靈，兹人之所以爲貴。性即生也。命諸天則爲性，體諸身則爲行。孝爲百行之本，故凡人之行莫大於孝，孝莫大於尊嚴其父，尊嚴其父莫大於配天。統而言之，則生禀於天；析而言之，則受生於父。能配天，豈易易哉？惟周公爲王室至親，成王踐祚而幼，周公居攝，秉禮樂之權，成文武之德。以萬物本乎天，生本乎祖，故冬至祀天於郊。郊即圜丘。以始祖后稷配，是尊后稷猶天也。天者，帝之總名；帝者，天之主宰。其帝有五，按五方若靈威仰之類。季秋祀上帝於明堂。明堂亦宗廟，故云宗祀，而以文王配焉，是尊文王猶上帝也。君行嚴配之禮，是以德教刑于四海。四海之內，六服諸侯，無不脩厥職貢方物，而駿奔走、執豆籩以助明堂之祭。孝道之感人若是，不似小可德行僥倖來的。然則聖人之德行，又有何者可加於是孝乎？

故親生之膝下，以養父母日嚴。聖人因嚴以教敬，因親以教愛。聖人之教不肅而成，其政不嚴而治，其所因者本也。

此承上文，言人稟天地之性，性具愛敬之良。聖人立教，其根原實出於膝下之時。夫膝下之時，正孩提之童也，便知親養父母，是愛之萌芽也；嚴畏父母，是敬之萌芽也。斯時愛敬之念不過親昵、怕懼之方形耳。聖人恐其後來挾恩恃愛而失於不敬，故因嚴以教敬，因親以教愛，使愛不至於褻，敬不至於疏。此其教所以不待整肅而成，其政不待嚴厲而治者，由「所因者本也」夫。曰「因」，則非强世；曰「本」，則非外鑠。聖人何嘗不順群情，而勉强矯拂於其間哉？

子曰：父子之道，天性，君臣之義。父母生之，續莫大焉。君親臨之，厚莫重焉。子故曰：不愛其親而愛他人者，謂之悖德；不敬其親而敬他人者，謂之悖禮。以順則逆，民無則焉。不在於善，而皆在於凶德。雖得之，君子所不貴。君子則不然。言斯可道，行斯可樂，德義可尊，作事可法，容止可觀，進退可度。以臨其民，是以其民畏而愛之，則而象之，故能成其德教而行其政令。《詩》云：「淑人君子，其儀不忒。」

此下將申諸侯、卿大夫之孝，故先言父子之道本於天性，而君臣之義端在其中。且人之一身，父母生之，繩繩繼繼，續莫大焉。以義則君，以恩則親，君親並臨，恩義兼篤，厚莫重焉。親則當愛，不愛其親而反愛他人，是失其常性，而於德悖矣；君則當敬，不敬其君而反敬他人，是失其常則，而於禮悖矣。夫愛敬二者，即所德與禮也。順而行之爲吉，逆而施之爲凶。以逆行之凶德而加諸人，是拂人之性矣，民何取則焉？縱得志於人上，君子豈貴之哉？然君子既不貴此矣，則將如何？蓋君子者，盡愛敬以事吾親者也。以愛敬之德發之於言，則言爲可道；以愛敬之德措之於行，則行爲可樂；以愛敬之德施之於身，則德義可尊；以愛敬之德見之於事，則作事可法；以動容貌，容止可觀瞻也；以著行藏，進退可法度也。如是而臨於民上，斯民畏其德威而益加愛敬，法其端範而日思倣效。故德教不待整肅而成，政令亦不待嚴厲而治也。引《曹風》之詩云「淑人君子，其儀不忒」者，言必有瑟僩之君子而後有赫喧之威儀，其儀豈有差忒者耶？此正明諸侯、卿大夫之善，亦佐王以宣孝治者也。

子曰：孝子之事親，居則致其敬，養則致其樂，病則致其憂，喪則致其哀，祭則致其嚴。五者備矣，然後能事親。事親者居上不驕，爲下不亂，在醜不争。居上而驕則亡，爲下而亂則刑，在醜而争則兵。此三者不除，雖日用三牲之養，猶爲不孝也。

此言人子能事親而稱孝者，謂平昔居處當盡恭敬，如昏定晨省之類；就養父母，當得其歡樂，如怡色柔聲之類；父母違和而有疾病，則心懷憂懼，如冠者不櫛之類；父母不幸而奄喪，則極其哀慼，如辟踴哭泣之類；春秋祭祀，又當極其嚴肅，如齋戒沐浴之類。必備此五者，則生事喪祭，無一缺失，然後能事父母。若有一毫之未備，不可謂能事親也。不特此耳，善事親者，其居上也當莊敬以臨人，不可有驕傲之心；其爲下也當恭謹以奉上，不可有悖亂之事；其在醜類之中，當和易以近人，不可爲乖忿之争。所以然者何也？居上而驕，則失人之心，必亡其國；爲下而亂，則干國之紀，必遭刑辟；在醜而争，則彼此求勝而兵刃必相加。此三者不除去，未免貽父母之憂。雖每日用牛、羊、豕三牲以養父母，終無以解其憂而得其懽心，不可謂之孝也。

子曰：五刑之屬三千，而罪莫大於不孝。要君者無上，非聖人者無法，非孝者無親，此大亂之道也。

此言不孝之惡爲五刑之首罪。五刑者，墨、劓、剕、宫、大辟也。其綱領有五，其屬有三千之多。屬謂條目也。然其罪之大者，莫過於不孝。是不孝之罪，實與要君非聖者等焉。蓋君者，臣之所禀命者也，而今反要挾之，是無上也。聖人者，法之所從出者也，而敢非議之，是無法也。人有父母，方生此身，敢以孝道爲非，是無親也。夫人必有親以生，有君以治，有法以守，而後人道不滅，國家不亂。若三者俱無，則不忠於君，不法乎聖，不孝乎親，豈非大亂之道乎？

子曰：教民親愛，莫善於孝。教民禮順，莫善於悌。移風易俗，莫善於樂。安上治民，莫善於禮。禮者，敬而已矣。故敬其父則子悦，敬其兄則弟悦，敬其君則臣悦。敬一人而千萬人悦，所敬者寡而悦者衆。此之謂要道。

此言人有此三惡者，由其不知要道也。故夫子推廣而言曰：民不親愛，由不知孝，欲教民親愛，孰有善於孝者乎？民不禮順，由不知悌，欲教民之禮順，孰有善於悌者乎？欲移風易俗而反朴還淳，莫善於樂。蓋樂以和人心，而感人易入也。欲上安下治而定分不易，莫善於禮。蓋禮以節民行，而中正無邪也。禮之爲體雖嚴，而其用則始於敬。今自敬之所施者，觀之上之人，尊敬其父也，則爲人子者皆悦；尊敬其兄也，則爲人弟者皆悦；尊敬其君也，則爲人臣者皆悦。所敬者父、兄、君也，止於一人；所悦者子、弟、臣也，通於天下。是所敬者寡而所悦者衆，此所以謂之「要道」也。若欲人人而悦之，則日亦不足矣，安得謂之要道乎？

子曰：君子之教以孝也，非家至而日見之也。教以孝，所以敬天下之爲人父者。教以弟，所以敬天下之爲人兄者。教以臣，所以敬天下之爲人君者。《詩》云：「愷悌君子，民之父母。」非至德，其孰能順民如此其大者乎！

此夫子推廣首章至德之義而言曰：君子教人事親以孝也，是豈必家至戶到、日見而諄諄然以命之乎？只上行下效，其應如響矣。蓋上之人，躬行孝以盡事親之禮，則天下之人無不敬其父；教以盡弟長之禮，則天下之人無不敬其兄；教以盡臣下之禮，則天下之人無不敬其君。所教者寡而所敬者多，其德可謂至矣。《詩》云：「愷悌君子，民之父母。」蓋言人君以樂易之道化人，此至德也。若非至德，何以能順民心如此其廣大者乎？

子曰：昔者明王事父孝，故事天明；事母孝，故事地察；長幼順，故上下治。天地明察，神明彰矣。

此極言明王之孝之大，見後王所宜取法也。昔者明德之王事父孝，故事天無不明；事母孝，故事地無不察；長幼順，故上下之治無不成。以父母天地，本同一理；上下長幼，原無二心也。夫既能明察天地矣，神明不於是而彰顯乎？所謂神明，即天地之神明。所謂彰，即化工之彰顯。若天時順而休徵協應，地道寧而萬物咸若。是已明王感應之神，孰大於此者！

故雖天子，必有尊也，言有父也；必有先也，言有兄也。宗廟致敬，不忘親也。脩身慎行，恐辱先也。宗廟致敬，鬼神著矣。

上統言明王之孝之大，此詳言明王孝親之功無頃刻之間。蓋以天子至尊無對，而曰「必有尊也」，「尊」言父也。父既爲所尊，天子必盡孝於父。天子莫之敢先，而曰「必有先也」，「先」言兄也。兄既爲所先，天子必克恭其兄。孝弟之道容可以不盡乎？又必致敬於宗廟之中，事死如事生，不敢忘其親也。脩持其身，謹慎其行，恐或一有所失，而玷辱其先也。夫能致敬於宗廟，竭誠以享親也，鬼神自於焉而昭格，洋洋如在其上矣。感應之大，又孰有過於此者？

孝弟之至，通於神明，光於四海，無所不通。《詩》云：「自西自東，自南自北，無思不服。」

此總贊孝道感通之大，復引《詩》以咏嘆之也。夫孝父母而天地明察，順長幼而上下雍熙，此之謂「孝弟之至，通於神明，光於四海」。夫幽可通於神明，而神明格；明可光於四海，而萬姓乎。則合乎上下神人，而無所不通矣。不有徵於《文王有聲》之詩乎？《詩》云：自西而抵於東，自南而抵於北，盡天下之人矣，無不心悦誠服而咸歸于化者，亦以孝道感通而無間也。明王之孝，果孰有大於此者乎？其詳解俱載於《家塾孝經》中，覽者幸察之。

子曰：君子之事親孝，故忠可移於君；事兄弟，故順可移於長；居家理，故治可移於官。是以行成於内，而名立於後世矣。

上言孝道之大，明王推之上下四方無所不通。此言士之孝，亦推之上下，而事君、事長、使衆之道咸在而不忒。不以上下貴賤而殊，不以内外前後而異。故君子之事親極其孝矣，以孝事君，則忠可移於君；事兄極其弟矣，以弟事長，則順可移於長。至於妻子、臣妾，各得其所，則「施於有政，是亦爲政」，而治可移於官。是以孝弟之行成於内，忠順之道達於外，聲名之立流傳後世，而顯揚父母亦在其中矣。孝之無所不通如此，豈因在下之士而暫有所沮耶？此亦中論士之孝，以佐諸侯、卿大夫之孝也。

子曰：閨門之内，具禮矣乎！嚴父嚴兄。妻子臣妾，猶百姓徒役也。

閨門之内，若無與於治國平天下之事也，然治平之禮，靡不備在其中。蓋父曰嚴父，猶君之尊也；兄曰嚴兄，猶長之義也；妻子臣妾，可供使役，猶百姓徒役之可任命令。整理於家而咸服於外，即治可移於官也。此舉三「可移」而言。孰曰齊家之道，不與治國同也？

曾子曰：若夫慈愛恭敬、安親揚名，參聞命矣。敢問從父之令，可謂孝乎？子曰：是何言與？是何言與？言之不通也。昔者天子有争臣七人，雖無道，不失其天下。諸侯有争臣五人，雖無道，不失其國。大夫有争臣三人，雖無道，不失其家。士有争友，則身不離於令名。父有争子，則身不陷於不義。故當不義，則子不可以弗争於父，臣不可以弗争於君。故當不義則争之，從父之令，焉得爲孝乎？

事親有隱無犯，父之命不敢不從。然或命有未善，似亦不可從也。故曾子疑而問曰：若夫慈愛恭敬、安親揚名，皆事親之大道，參得聞命矣。至於父有命令而子悉從之，亦得爲孝乎？夫子以親之命令未必無過差，若人子見非而從，成父不義，反陷親於有過之地，又烏得爲孝乎？故重言其非以教之曰：是何言與？是何言與？昔者虞、夏、商、周置疑丞輔弼之臣以司諫争，天子七，諸侯五，大夫三，凡有過舉則争之，争則復於無過。故天子保天下，諸侯保其國，大夫保其家，而不失也。惟士無臣，過失相規，必藉朋友。士有争友，則立身行己，可無過舉，而身不失其令名。甚哉，争臣争友之不可少也！父安可以無争子乎？父有争子，則親不陷於不義矣。故當不義，子不可不争於父，臣不可不争於君。若人子阿諛苟從，恐傷賊恩之戒，不能委曲諫争，以諭親於道、置親於無過之地者，又豈人子之所忍哉？嘗聞曾晳使曾子耘瓜而悮傷其根，曾晳建大杖以繫其背，曾子幾斃。復醒，乃援琴而歌，使父聞之，知其體康，何其孝之至也。夫子聞之，曰：「舜之事瞽瞍，欲使之，未嘗不在側，索而殺之，未嘗可得。故瞽瞍不犯不父之罪，而舜亦不失蒸蒸之孝。」曾子始知，曰：「參罪大矣。」則從父之令，烏得爲孝乎？

子曰：君子事上，進思盡忠，退思補過，將順其美，匡救其惡，故上下能相親。《詩》云：「心乎愛矣，遐不謂矣。中心藏之，何日忘之？」

此承上論争臣而言。君子事上之道，蓋無一念不在於君。故進見即思竭盡其忠謀，退居則思補益其闕失。君有美善，則必將順以成之，使無優游阻塞而中止；君有過失，則必匡直以止之，無使昏蔽遂成而不救。君子以此事其上，則獻可替否，贊襄啓沃，下能盡職，上能納忠，君臣胥悦，所以常相親也。《詩》云：臣心愛君，雖離君之左右，不謂爲遐遠而遂忘之。由其愛君一念常存諸心，無日而暫忘也。

子曰：孝子之喪親，哭不偯，禮無容，言不文，服美不安，聞樂不樂，食旨不甘，此哀戚之情。三日而食，教民無以死傷生，毁不滅性，此聖人之政。喪不過三年，示民有終。爲之棺椁、衣衾而舉之；陳其簠簋而哀戚之；擗踊哭泣，哀以送之；卜其宅兆，而安措之；爲之宗廟，以鬼享之；春秋祭祀，以時思之。生事愛敬，死事哀戚，生民之本盡矣，死生之義備矣，孝子之事親終矣。

上文生事愛敬既語其詳，而死事哀戚，尤當曲盡其變。若一有遺失，孝子終天之恨，奚能再續耶？此送死所以當大事，夫子不得不備舉以言之。夫人子於親，本同一體，忽爾親亡，存没頃異，豈不割裂五内，痛憾終天乎？故哀痛之極，其哭不偯，氣絶幾盡，無復餘聲也；其禮無容，觸地局脊，何暇脩儀？其言不文，内痛無已，何暇脩辭？以至服美不安，故服衰麻；聞樂不樂，故不聽音樂；食旨不甘，故食蔬食。蓋此六者皆孝子哀戚真情，自然而然，一性焉而已，聖人豈能强之哉？親亡三日不食，越此則傷生，故爲糜粥以食之。形雖毁瘠，不至滅性，若哀死傷生，亦不孝之罪也。故聖人制禮以爲之限量，不使之過制而滅性焉。孝子值親之喪，有終古淪心之痛，哀豈能遽止哉？然情雖無窮，制則有限。喪服不過三年，示民有終竟之期，無賢愚貴賤一也。其始死也，爲之棺槨衣衾，舉而斂之。始死未葬，不應言棺。然畢竟不可無者，故併及之。其朝夕之奠也，陳其簠簋，痛傷而哀戚之，以不見親之存也。其舉殯而祖薦也，女擗男踊。踊謂躑足，擗謂搥胸。號哭涕泣而送之，以不忍親之去也。爲墓於郊，穿穴壙以藏棺謂宅，築塋域以防藏謂兆。恐其中有水沙伏石，故卜之。卜之吉，而後安措。形歸窀穸，神近室堂，故爲之宗廟以藏其主，使神有所依附，以禮享之。不曰神而曰鬼者，歸也。歲序流易，寒暑變移，追感歲時，不任永慕，故制爲禴祠蒸嘗之祭，而三月舉行焉。四時皆祭，獨言春秋祭祀者，省文耳。又以既死而忘親，故制祭祀之禮，以展人子之孝思也。又結而言曰：孝子之心，無間於生死存亡。於父母之生也，事之以愛敬；於其死也，事之以哀戚。生死皆致其孝，然後足以盡生民之本，備生死之義。蓋人之生也，莫不有仁義之性。仁之發爲愛，愛親，本也，故孝爲生民之本。義者，宜也。生而愛敬，死而哀戚，理所宜然。故曰：死生之義至此，則生民之本盡於此，養生送死之義備於此。末復結之以孝親之事終於此。如是而力行不怠，人子又焉得有遺憾耶？此論喪親之事，而尤兩及聖王之政教，以見明王孝治之意無所不用其極也。《孝經》一書，夫子命參著之者，其旨淵哉善乎！《漢·藝文志》云《孝經古孔氏》一篇，蓋其時去古未遠而知之，得其真也。分章題名，經傳剖析，豈聖經之原旨耶？學者統而觀之，默而玩之，思過半矣。

鴻始習今文《孝經》，深知人子不可不孝，因注《家塾集解》以訓子孫。繼讀文公所定古文，首章合六七章爲一，精確之極。又見所定《刊誤》，首章删去今文六十一字，「天經地義」章删去六十七字,「父子之道」章删去九十二字。歷考所疑於事親之旨,更覺親切。但所釋者,不免前後次序之殊。所缺者,諸侯、卿大夫、庶人之旨。又所謂格言者三,不解經而别發一義者二,反覆捧誦,似覺經有未全而或可疑也。遍考古、今《孝經》注解,奚啻百家。章第經傳雜出不一,俾人莫知適從。於是終夜繹思,孔、曾授受,原無章第、經傳之分釋,竟冒僭妄,遂悉去以復聖經之舊。識者韙之。及會初陽孫氏,論《孝經》原一篇,悉合鄙意,復與研究三載,各出所見。孫君著《解意》《釋疑》等篇,鴻著《直解》《大旨》等篇,闡發夫子重明王孝治之意,而於事親之旨端在其中,益見聖言微妙洋溢,無不包括,章旨燦然,無少缺失。謹以登梓,告我同志。冀道德高賢,俯教引進,曷勝忻悦!

孝經古文直解終

孝經古文直解後語

求聖人之心於詞章、言語之間，而不究聖人之心於詞章、言語之外，譬之玩春郊品卉之麗，曰色色象象，化工之神如此也；紅紫菁緑，化工之巧如此也，而不知化不外於一機運之耳。聖人之言，如驪珠盛於玉盤，秋蟾懸於晴空，緑萍結於春沚，活潑不拘而圓融之體自若，照徹不遺而貞明之質自如，聚散不一而完合之勢自常。苟徒以其詞焉，剖圓析明而分其聚，則聖心遂湮没溺沉，寥寥千古矣！孔子語孝一經，分殊理一，雖有「五等」「三才」「始終」之異，而其要歸不過於一性天盡矣，其旨趣不過一治平盡矣。以吾夫子先知先覺之良，爲愚夫愚婦之訓，教化率若決洪流於下，順行而莫禦也。故曰：「先王有至德要道，以順天下，民用和睦，上下無怨。」則君身其原乎！是經與明德九經相表裏，一脉沌淪，不可殊測，列第分章，殆非聖訣。雖然，鴻謭陋晚學，不過隙見，敢議先哲之得失哉？乃竊妄僭，以古今之文更訂，以經書之語集總類，以直解發孔蘊，以事實表曾行，自期不以玩春郊者蹈其轍，而以求心印者殫其精。庶於子職之供，或可少廣；而於聖君賢相之化，或可默助萬一云爾。若夫曰「知孝之原,得孝之旨,而爲繼述之大孝」,則固鉅儒碩哲在也,鴻豈敢擬哉!鴻豈敢擬哉!

萬曆戊子季冬朔日後學朱鴻頓首識

孝經質疑

【明】朱鴻 撰
李静雯 點校

點校説明

《孝經質疑》一卷，明代朱鴻撰。鴻，事跡見前《家塾孝經》。《孝經質疑》凡二十七條，述論孔子作《孝經》之旨，古文、今文之異同，唐、宋注疏，以及朱熹、吴澄改經等等，强調《孝經》於教化民庶之功用，而不必執著於分辨篇數多寡、章次先後。

是書《千頃堂書目》《經義考》著録。現存有《孝經總類》本、《孝經叢書》本、《孝經大全》十集本等版本。此次點校即以《孝經總類》本爲底本，以《孝經叢書》本、《孝經大全》十集本爲校本。

孝經質疑

明後學朱鴻著
後學沈榜校

《孝經》何爲而作也？夫子憂五等之孝未明於天下而作也。夫子删述六經，垂憲萬世，道無不載。至事親儀則，及祭義精嚴，《禮記》諸篇又備載之矣。但五等經常之孝，古典未之傳聞，夫子何從而删述之也？故思及門之徒曾子踐履篤實，孝行尤著，是以呼其名而語之，知其足以闡明斯孝也。曾子於是欽承大命，即與其徒編輯成經。所以夫子曰：「吾志在《春秋》，行在《孝經》。」蓋《春秋》立一王之法，《孝經》定五等之孝，夫子志也、行也。後世謂子思、樂正子、公明儀之徒始成之，則《孝經》未作之前，夫子何以據曰「行在《孝經》」？又有謂夫子假爲曾子問答之言而自著之，尤可鄙矣。

《孝經》一書有古文、今文之别者何也？武帝時，魯恭王壞孔子屋壁，得孔鮒所藏《孝經》二十二章，皆科斗文字，故爲古文《孝經》。今文《孝經》一十八章，河間人顔芝所藏。

漢初，芝子貞出之，皆隸書，故爲今文《孝經》。昔劉向校經籍，比量二本，以顔本比古文，除其繁惑，而安國之本亡於梁。

漢求遺書，東萊張霸詭言受古文《書》，成帝徵至，校其書，非是。晉劉炫又因王邵所得《孝經》，序其得喪，講於人間。儒者皆云炫自作之，非孔舊本。今觀許慎《説文》所引，桓譚《新論》所言，又觀邢氏《疏》説，則古文未必無疑〔一〕。

唐明皇時傳《孝經》者殆且百家，明皇始剪其繁蕪，撮其樞要，特舉六家之異同，會五經之旨趣。惜唐君臣徒有是心，未成其美。朱文公出，獨以脩舉遺經爲己任，始定古文《孝經》。末年又加精審，與胡侍郎論議，質程可久、汪端明書，以今文亦不無可疑者，於是又定《孝經刊誤》。蓋疑其所可疑，信其所可信，去其所當去，存其所當存。但因司馬大儒得古文，《指解》不疑後出之僞而篤信之。朱子姑據温公所注之本而爲之《刊誤》，非以古文優於今文而承用之也。至元草廬吴氏因朱子《刊誤》，以今文、古文校其同異，又定爲一本。

本朝上虞潘府疑《孝經》與《中庸》文體相類，首章孔子極言孝道之大以告曾子，其下

〔一〕「則古文未必無疑」七字，《孝經叢書》本、《孝經大全》本作「則古文之爲僞審矣」八字。

十二章皆推明首章未盡之旨，斷非孔子先自作經，又自作傳以釋之也。因作《孝經正誤》，效《中庸》章第，其叙次亦多牽强。松江周木以漆書韋編時有滅絶，錯簡闕文殆或不免，於是考古文、今文，合爲《新考定孝經》一書，不分章第，傳釋似亦可觀。但以《閨門》章第内「嚴父嚴君」之下，擅補「猶君長也」四字，非闕文之史。祁門汪宇《孝經考誤集解》亦效《中庸》章第、次序，固爲可觀。但其傳皆隨文訓解，惟釋字義，未悟夫子作經大旨。故《孝經》大義求之者愈見其難，讀之者愈見其雜，探討之者愈不見其旨趣攸歸，而經旨似未闡於天下。且簡册錯亂，義理又未條貫。鴻沉潛反覆，蓋亦有年，略測夫子《孝經》旨趣。然不敢自是其愚，乃與同志互相參究，遍閲五經四書語孝之言，歷考古人行孝之行，益知孝道無窮，行實不一。雖皆各盡其孝，似未可語萬世常經。然則夫子明孝之心烏能以自已哉？何也？蓋天下之人原有五等之分，而五等之孝各有當爲之則。若統言其孝，而不爲之條陳，則混於所施，而不知先後；詳言儀則，而不列其當務，則五等之孝又何自而準從？天下之人固無由以率化，黎民之老又奚得以自安？合敬同愛之心，各有不得其所者矣。愚故闡《孝經》本旨，夫子蓋爲五等之孝而發也。是以彙集古、今《孝經》諸本以廣其傳，後之君子覽焉，孝思其有與乎！

漢世近古,《孝經》居九經之一,嘗列學宫,置博士。雖羽林武臣,明帝皆令通習之。延及宋初,亦得附試明經。自王安石變新經義,始不以取士。是時《孝經》爲廢滅餘编,與詁責家家誦習者遠矣。程夫子看詳武學之制,猶欲與《論語》《孟子》竝行於世,使人皆知義理。《孝經注疏》曰:「《孝經》一書,原無章第、題名。劉向校經籍,以十八章爲定而不刊名。又有荀昶集其録及諸家疏,竝無章名。而《援神契》自『天子』至『庶人』五章,唯皇侃標其目而冠於章首。今鄭注見章名,豈先有改除,近人追遠而爲之耶?御注依古今、集詳議,儒官連狀題其章名,重加商量,遂依所請。」其十八章題名皆後儒所定也。

朱子以後儒妄分章第,不若效《大學》經一章、傳十章。又二章雖無所釋,承上章意而云,然末二章乃夫子别發一義,語尤精確。僅成《孝經刊誤》初本而遂止,未及精詳。鴻思《大學》首章止列三綱領、八條目之名色,而未及發揮,故記者雜引孔子之言立傳以釋之,章旨始明。若《孝經》首言「至德要道」,止列名目,故於下二章已發明之。至統論孝之始終,繼言五等之孝,即於本章已發揮詳盡,何必更立傳以釋之?且孔子論孝原無某章釋某句之義,曾子記經又無明訓。而朱子立傳,不過因後儒妄分章第、更加題名之故。然章名起於漢唐,傳釋倡於宋元,均非孔、曾之舊也。今不若只依孔、曾之舊,悉去章名、傳釋,似於義尤精。

朱子立傳釋經者，蓋因《孝經注疏》列章第、題名，皆後儒以意測度，且傳《孝經》者殆且百家，率多己見，故舛錯繆論。今朱子悉以聖人之言明聖人之旨，豈不精當？況所論止一「孝」字，故定爲某章釋某句也。但聖人一言盡天下之道，隨在充滿浩蕩無窮活潑潑地者，若拘於立傳釋經，似或牽强補輳。本朝傳《孝經》者，率去傳釋、題名，惟效《中庸》章第。鴻思又一支離也。豈若只復孔、曾舊本，更又何疑？

《古文孝經》之僞，皆後儒增減數字。若「仲尼居」增一「閒」字，「曾子侍」增一「坐」字，「自天子以下至於庶人」增「以下」二字，「是何言歟，是何言歟」增「言之不通也」五字，其他章又增數字，增不當增，非聖人口氣。「夫孝，德之本，教之所由生」「蓋天子之孝」「蓋諸侯之孝」「可以常守貴」「可以常守富」等語，減去六「也」字，其他章減去十二字，便覺辭句兀突，減不當減，亦非聖人口氣。愚嘗讀《論語》首章，玩三個「不亦」字，三個「乎」字，便見聖人氣象從容，詞句婉曲，真一倡三嘆、有遺音者矣，豈是如此之突兀乎？古文之僞，於此又可徵矣。

古、今文《孝經》皆書於竹簡，非如今之書籍也。經秦火焚烈，雖藏之者，未免有錯簡，是以朱子定爲《刊誤》。昔者孔聖談經，原無章第，其二十二章、一十八章，皆齊魯間儒者所議，恐其統同而無所别也。故分爲章數，初不重於此也。漢初古今文竝出，劉向校經籍，比量二本，以顔本除其繁惑，而安國之本亡於梁，更不較章數之多寡。孝昭時魯國三老所獻，建武時議郎衛宏所校皆口傳，官無其説，亦不繫以章第。至唐明皇御筆所書《孝經》，今刻石於國學者，仍列章名〔一〕。至本朝，周木考古、今文《孝經》字眼甚爲詳悉，定其次序，止列一十九段，亦不論及章第。是以知題名、傳釋均非孔、曾舊本。故鴻謹悉去之，以復孔、曾之舊。考古宜然，豈敢擅立臆説哉？讀者詳之。

朱子《刊誤》經一章，傳十四章，删去古文二百零二十三字。吴子經一章，傳十二章，其内合《五刑》一章，去《閨門》一章，删去古文二百四十六字。

或疑《孝經》廼童蒙習讀之書，世有以淺近忽之者。殊不知童蒙雖未曉道理，然良知良能固自在也。開蒙而先授以《孝經》，則四德之本，百行之原，教從此生，道從此達，由是而爲賢爲聖，胥此焉出矣。若捨《孝經》而遽讀他書，何能進步？此《孝經》所以爲徹上徹

〔一〕「仍列章名」四字，《孝經大全》本同，《孝經叢書》本作「亦無章第」四字。

下之書，而學之所當先務者也。但蒙時習之，長時廢之，豈因未列學宮歟？

後世又有疑《孝經》旨意，何教人處多而躬行處少。不知夫子之作經意，尤重於爲人上者。蓋上之人躬行其孝，則下之人自率而化之矣，豈待家諭户曉而後可以明孝哉？

鴻讀《孝經刊誤》，合併首章，删去引《詩》《書》并《左傳》語二百二十三字，甚爲精確，讀之一大快也。但前後數條，未獲其旨。深思始識文公定章之故，皆因經以立傳也。吴氏亦然，今謹悉闡之。

一、「敢問聖人之德」至「所因者本也」，朱子傳之五章，釋孝德之本。以「故親生之膝下」四十四字，係於此章之末，「父子天性」章之前。朱子細解，謂此條與上文不屬，而與下章相近，故今文連下二章爲一章。但下章之首，語已更端，意已重複，不當通爲一章，當依古文，且附上章，或自爲一章可也。鴻詳「且」「或」二字之意，亦朱子思之未決、不得已而言之爾。吴氏《校定》，以此節入於「父子天性」章之中，甚爲妥帖。但以一條分作兩段，以「故親生之膝下」二十四字分在「厚莫重焉」之下，以「聖人之教」二十字分在「謂之悖禮」之下者，何也？蓋吴氏以上條爲釋「德之本」，只得分屬於上；以下條謂釋「教所由生」，只得分屬於下。是不論聖人「因親」「因嚴」「其所因者本也」三「因」字相連而來，竟折爲二段者。朱、吴真執傳以疑經。鴻所以輒云不必强於分合聖言，只去其傳釋，以復其舊可也。

一、「孝子之事親」至「猶爲不孝」，朱子傳之七章，釋「始於事親」及「不敢毁傷」。「五刑之屬三千」至「大亂之道」，朱子傳之八章，謂：「因上文不孝之云而係於此，亦格言也。」今吴氏合爲一章，釋「始於事親」，末又兼及「事君」「立身」，以起下章。舊本朱子以「子曰五刑」以下别爲一章。今按：此乃再引夫子之言以足前意，故吴氏合爲一章。鴻詳玩聖言，恐無釋「始」字意。朱子曰「五刑」以下别爲一章者何也？朱子以釋「始於事親」，故以此章推出在外。吴氏因夫子結之曰「此大亂之道也」，深戒人之不孝，以歸於孝無非事親之道，故合爲一章。

一、「君子之事上」至「何日忘之」，朱、吴傳之九章，釋「中於事君」。鴻玩聖言，恐無釋「中」字意。蓋「始」「中」二字，經首則有，於此則無，似不必爲之强釋。

一、「昔者明王事父孝」至「無思不服」，傳之十章，釋天子之孝。以「君子之事上」傳之九章者，何也？據經首句語而數來。故朱子以「事上」爲九章，「事天」爲十章。吴子以「明王事父孝」提起爲傳之首章者，釋「先王有至德要道」。故今以「明王」并「孝治」「聖德」三章俱列於首，見天子克孝，四海儀刑。

一、「君子之事親孝」至「名立於後世矣」，朱子傳爲十一章，釋「立身揚名」及「士之孝」。「閨門之内」至「百姓徒役也」，朱子傳爲十二章，又細解云：「此因上章三『可移』而言。嚴父，孝也；嚴兄，弟也；妻子、臣妾，官也。」又曰：「或云宜爲十章。」鴻玩聖言[一]，「閨門」章原列在「事親孝」之前，係是一章。所以吴子删去「閨門」一章，其細解曰：「凡二十四字，今文無，古文在傳十章之後，十一章之前。」玩此二句之意，分明原係一章，「閨門」在前，而「事親孝」在後。今朱子刊「閨門」於十一章之後，吴氏又竟删去者，何也？蓋泥經首無「閨門」二字之句，故一後之、一删之者，皆執傳以疑經也。吴氏又謂：「此章淺陋，不惟不類聖言，亦不類漢儒語[二]。」

朱子一十四章，其傳之先後，皆取首章經句爲準，恐未必夫子意也。觀《大學》曰：「右經一章，蓋孔子之言而曾子述之。其傳十章，則曾子之意而門人記之也。」以此分爲經傳甚妥。今皆孔子之言，前定爲經，後定爲傳者，何也？朱子因悉去諸儒題名、章第，恐後人議爲己見而悉删之，故以聖人之言立傳以釋經，庶可免此議耳。但《孝經》一書前後俱

[一] 「聖言」二字，《孝經大全》本、《孝經叢書》本無。

[二] 「亦不類漢儒語」六字下《孝經叢書》本、《孝經大全》本有「是未察前後兩『内』字相呼應爾」十二字。

孔子之言，未聞有某章釋某句之語。今不若只復孔、曾之舊，更潔净精微，義趣無窮，又何他慮？況朱子自述其可疑已十一處。

《漢·藝文志》曰：「魯哀公十四年西狩獲麟，而作《春秋》。」至十六年夏四月己丑，孔子卒，則《孝經》之作在哀公十四年後，十六年前。案《鉤命訣》云：「孔子曰：『吾志在《春秋》，行在《孝經》。』」據先後言之，同《春秋》作也。又《鉤命訣》云：「孔子曰：『《春秋》屬商，《孝經》屬參。』」則《孝經》之作在《春秋》後也。未知孰是。

孔子談經，自首章而下，原無次第。記者編輯成經，自首章而下，各有條陳。讀者當以意會。

竊嘗論之，天下之道，具載六經；六經旨趣，各歸於一。故曰：《易》以道陰陽，《書》以道政事，《詩》以理性情，《禮》以謹節文，《樂》以象功德，《春秋》以嚴名分。至於論孝，夫子則曰：「德之本，教之所由生也。」是《孝經》一書乃兼總條貫而爲「天之經」「地之義」「民之行」也。故六經之旨，士子各習其一，求其精而通也。若《孝經》之義，童而習之，雖白首而不暫離焉，夫亦豈能盡其蘊哉？是以曾子贊之曰：「夫孝，置之而塞乎天地，溥之而横乎四海，施之後世而無朝夕，推而放諸東海而準，推而放諸西海而準，推而放諸南海而準，推而放諸北海而準。《詩》云：『自西自東，自南自北，無思不服。』此之謂也。」甚哉！孝道之大，天下莫得而踰焉者也。世有以爲童子之書而忽之，無惑乎？孝道之不彰彰於天下，而俗習之所以頹敗也，噫！

《魯論語》二十篇，《古論語》二十一篇，《齊論語》二十二篇，齊魯間記者各以其意而記之。古文《孝經》二十二章，今文《孝經》一十八章，齊魯間記者亦各以其意而記之，非頓殊也。今既不分章第，今古何殊？學者凡於聖言，但當默識心融，身體力行可也。奚必論篇數多寡、章次先後也哉？

聖人人倫之至，不言孝而孝在其中，然以孝名者亦因所遇而云然爾。至若曾子之孝，必列於《孝順事實》中者，殆斯意歟！

古謂求忠臣必於孝子之門，人臣有一毫之不忠，非孝也。世云忠孝不能兩全，此語時位之不可全，非道理之不可全也。故曰：「事親孝，則忠可移於君。」

世謂困窮之極，不能盡事親之孝者，亦未觀夫子教子路之言爾。雖然啜菽飲水，盡其歡矣。而人子之心猶不若是恝者，此亦大舜側微事親之心爾。苟委於無可奈何，是豈人子之心乎？

自漢迄今，傳《孝經》者百有餘家，各出己見。至文公出，獨以脩舉遺經爲己任，始定古文《孝經》，删去所引《詩》《書》并《左傳》等語。故曰：「傳文固多傅會，而經文亦不免有離析增加之失。」末又定《孝經刊誤》。草廬吴氏又校古、今文，定爲一本。至本朝傳《孝經》者，因乘其《刊誤》，各列序次，後先咸用右第章數。鴻思聖言，惟貴力行，務求自致，斯可作法於人，其功夫原不在章第間也。後之學者須致思焉。

昔吾夫子曰：「吾志在《春秋》，行在《孝經》。」學者徒誦斯言而未得其旨。夫《春秋》，魯國之史。夫子居魯，法周公假天子之權以賞罰天下，志安在也？蓋《春秋》之法行，則君君、臣臣、父父、子子、夫夫、婦婦，無一而非禮法之森嚴。若所行雖善，而心或未純，亦誅其心而罰之。必期倫物兩全，表裏一致，而成淳龐之治，夫子志也。其曰「行在《孝經》」，以孝乃天經地義而爲民之行，故一孝立而萬善備。夫子謂「行在《孝經》」者，將以身率天下也。曾子得其傳，而於居處不莊、事君不忠、莅官不敬、朋友不信、戰陣無勇，咸以不孝目之。故經曰：「脩身慎行，恐辱先也。」行在《孝經》，不可見乎？後之傳《春秋》者亡慮數十家，悉皆因經傳釋，而夫子之志或未之闡明。傳《孝經》者，雖百有餘家，而能白夫子行之所在者，幾何人哉？可慨也已！自宋王安石定科法，惟以《易》《詩》《書》《周禮》《禮記》，而《春秋》獨不與，至詆爲斷爛，又卑視《孝經》而不用。夫子之志行，至今不白於天下。噫！安得有道者予闡明之？

鴻嘗謂孝子之事親，無間於生死存亡。觀經首敷陳五等之孝，又曰：「宗廟致敬，不忘親也。脩身慎行，恐辱先也。」合而觀之，則人子終身之孝端可見矣。世有純孝之資，不幸孩提童穉而親没，其孝一無可伸；又有及時行孝而親忽亡焉，其情俱不能自已。若此者，可徒抱終天之恨而已耶？要當繼志述事，立身揚名，無忝所生可也。幹蠱假廟，永言孝思，錫類不匱可也。一出言、一舉足而不敢忘父母，無非所以伸没世之孝云爾。曾子曰：「親戚既没，雖欲孝，誰爲孝？年既耆艾，雖欲悌，誰爲悌？」此勉人及時孝悌之言，豈謂親没而孝遂已哉？載考唐任敬臣五歲喪母，哀毁天至，於七歲問父英曰：「若何可以報母？」英曰：「揚名顯親可也。」乃刻志從學，舉孝廉，後官至弘文館學士。我成祖載於《孝順事實》，而親名因以不朽。蓋聖言廣大精微，無所不貫。鴻復揭此，以爲親没者之則。〔二〕

〔二〕「昔吾夫子曰」至「安得有道者予闡明之」、「鴻嘗謂孝子之事親」至「鴻復揭此，以爲親没者之則」，二段《孝經總類》本、《孝經大全》本皆無，而見於《孝經總類》本《孝經臆説》，其「夫子謂『行在《孝經》』者，將以身率天下也」一句作「出言舉足而忘親者，非所以崇人倫也」。今據《孝經叢書》本補。

質疑總論

《孝經》一帙,家傳户誦已久,世至有唐,殆且百家,今又不知其幾也。幸宋晦庵先生出,獨以脩舉遺經爲己任,始焉考定古文《孝經》,末年僅成《刊誤》一篇,注釋大義猶未及而遂止。草廬先生更校古文、今文,定爲一本。其間先後、異同、序次、分合,莫測二先生之旨。鴻於是蚤夜以思,而管窺蠡測,賴天啓其衷,廼得當時孔、曾立言之旨,與後世序次、分合、先後、異同之原,每與同志元泉褚先生互相參考,僅成一卷。日授弱子輩習讀,不敢有聞於人,名曰《家塾孝經》。近與同志諸公論議《孝經》大旨,同志咸欲梓之。鴻思義理無窮,鄙見有限,窺測一二,孰若因梓以請正四方。倘獲有道君子矜而進之,釐而正之,庶或可以闡先聖未明之藴,啓後學顓蒙之良,而於國家化民成俗之義少補,是則鴻之至願也。

孝經質疑終

孝經臆説

【明】朱鴻 撰
李静雯 點校

點校説明

《孝經臆説》一卷，明代朱鴻撰。鴻，事跡見前《家塾孝經》。是書無序跋，爲朱氏研習《孝經》之札記，所論説較爲簡略。其强調《孝經》於人倫教化之重要意義，認爲《孝經》大旨在於身體力行。又陳「孝説三條」，即「孝本性生，力學更孝；敬身修德，務成其孝；親没求孝，尤當嚴密」。

是書有《孝經總類》本、《孝經叢書》本。此次點校即以《孝經總類》本爲底本，以《孝經叢書》本爲校本。

孝經臆說

仁和後學朱　鴻著
仁和庠生沈仲擅校

唐虞之世〔一〕，天真未鑿〔二〕，比屋可封〔三〕，三代之隆，直道而行。至春秋，去古已遠，夫子述六經以攝入道之門，作《孝經》以明大道之要，異派同宗，因時救弊。世降戰國，溺於功利，孟子以仁義立教〔四〕。嬴秦焚詩書、棄禮樂。炎漢起而舉孝廉、崇禮教，表章六經，世稱漢治爲近古。迨黄老興於漢末，佛教盛於六朝，韓子雖道濟天下之溺，不過因文見道。至宋，五星聚奎，真儒輩出。周子圖《太極》，著《通書》，教之主静。程子恐人無所執也，教

〔一〕「世」，《孝經叢書》本作「時」字。
〔二〕「天真未鑿」四字，《孝經叢書》本作「去古未遠，情竇未開」八字。
〔三〕「比屋可封」下《孝經叢書》本有「人人君子」四字。
〔四〕「至春秋，去古已遠」至「孟子以仁義立教」，《孝經叢書》本作「時降春秋，争戰成風，流於殘忍。夫子因時救敝，以仁立教。又降而戰國，溺於功利。孟子因時救敝，以仁義立教」。

之敬。橫渠恐人無所據也,教之禮。晦菴欲會而全之,教之居敬窮理。然道問學處居多,陽明乃倡明「致良知」之學。至於今日學者，忽「致」字之意，似少躬行。殊不思堯舜之道孝弟而已，一孝立而萬善從，是今日所重，孝爲要也。孝其萬世不易之常經乎！

以下諸篇亦有次序，覽者幸無忽焉。

嘗讀《魯論》一書，夫子論學以垂訓萬世。首章之旨，無非欲人盡性。盡性以求仁爲要，求仁以孝弟爲本。故有子指孝弟爲行仁之本，而致飾則病之。夫子以入孝出弟爲蒙養之本，而學文則次之。子夏以竭力事親爲惇倫之本，而謂篤學者始能之。曾子以慎終追遠爲民德之本，而復即三年無改以終之。歷觀此篇，則知孔門立教，無非欲人察識本心之良，以成萬物一體之化。故在當時，或隨事立言，或因人問答，亹亹數十言而不倦。則夫子終身之行在孝弟，而群賢守之爲家法，無惑也。至於傳子思及孟子，又無往而非此義之流衍。故《中庸》以親親爲仁，以尊賢爲義。孟子以仁義之實在事親從兄，而禮則節文斯二者，智則知斯二者，樂則樂斯二者。孔門一派宗旨，曷嘗捨孝弟以立教哉？學者要須識得。

謹按《漢・藝文志》，魯哀公十四年西狩獲麟而作《春秋》，至十六年夏四月孔子卒，謂

《孝經》之作，哀公十四年後，十六年前也。案《鈎命訣》云：「孔子曰：『吾志在《春秋》，行在《孝經》。』」似《孝經》與《春秋》同時而作也。又云：「《春秋》屬商，《孝經》屬參。」則《春秋》《孝經》之作似不相遠。及我朝宋景濂作《孔子生卒辨》，併覩孔聖全書年譜，皆謂孔子是時七十二，語曾子著《孝經》，意者默會天經地義之懿，總括百王治世宜民之典，而授曾子以垂訓乎！若所作之年歲雖未能必，要皆夫子不踰矩之後也。夫孝弟，子所雅言，特至德要道未傳，五等之孝未備，故語以著之爾。若曰後世難订所作之年，寧保殘守缺，不復敢論，而故置之。此劉歆所以移書責太常也。豈不異於信以傳信，疑以傳疑者與？鴻故悉録之以備參考。雖然，夫子之授是經，惟冀學者身體力行而已，年與歲奚必辨，先與後奚暇别哉？學者苟能行而著、習而察，孝在一身，則生民之本盡；孝通天下，則雍睦之風成矣。豈曰小補云乎？

孝説三條：孝本性生，力學更孝；敬身修德，務成其孝；親没求孝，尤當嚴密〔一〕。

經曰：「天地之性，人爲貴。人之行，莫大於孝。」又曰：「孝，天之經也，地之義也，民之行也。天地之經，而民是則之。」所謂「則之」者，蓋云學也。又曰：「親生之膝下，以養父母日嚴。」夫膝下之時，無有師保，而知能之良已具愛敬。「是故聖人因嚴以教敬，因親以教愛。其所因者，本也。」夫曰「因」，則非强世；曰「本」，則非外鑠。蓋上帝賦予，若垂教命，孩提愛敬，悉本性真。及夫漸長，始教以飲食起居，教以數與方名。八歲教以小學，十五教以大學，不過自上帝命令稍引伸之。而學者雖至爲聖爲賢，亦不能少加于受性之初。此孝所以即學，而學所以成孝也。故捨孝不可以言學，捨學不足以成孝。且經又曰：「夫孝，德之本，教之所由生。」豈惟學須於孝哉，教亦恒由之以生也。故人苟致學於孝，則事君、事長、齊家、治國，舉而措之，天下裕如也。夫子首揭「至德要道」以授曾子，又

〔一〕「三條：孝本性生」至「尤當嚴密」，《孝經叢書》本無。

嘗志於「周公其人也」，故他日復夢見周公，曰：「如有用我者，吾其爲東周乎！」又云：「期月可也，三年有成。」蓋欲以孝爲治爾〔一〕。夫孝本人性之固有，以此順民，民焉有不順者哉〔二〕？恭惟我太祖高皇帝，廓清寰宇，首以六事爲訓。成祖文皇帝繼統，刊行《孝順事實》，頒示天下。列聖相傳，益隆孝治。今皇上得萬國之懽心以事其先王，事父孝而事天明矣；建兩宫以奉聖后，事母孝而事地察矣。天地明察，神明彰焉。是以登極以來，天下大稔，民物咸亨，此非孝之驗歟？孟子曰：「人人親其親，長其長，而天下平。」蓋恐世之學者忽近易而馳遠難爾。鴻故表而出之，以告天下後世之爲人子者。

善事父母曰孝，善事兄長曰弟，此特孝弟所由名耳。經曰：「孝弟之至，通於神明，光於四海。」斯大孝之謂與！昔史臣贊堯曰：「克明峻德，以親九族。」曰昭明，曰協和、時雍，皆峻德所致也。夫子贊舜之大孝曰：「德爲聖人。」曰尊、富，曰宗廟、子孫，皆大德所致

〔一〕「爲治爾」三字，《孝經叢書》本作「治天下也」四字。

〔二〕「夫孝本人性之固有，以此順民，民焉有不順者哉」，《孝經叢書》本作「不然，博施濟衆，堯舜尚猶病諸，何此之易易哉」。

也〔一〕。孟子謂：「堯舜之道，孝弟而已。」又曰：「守身爲大。」乃知身者，親之枝也，敢不敬與？敬神修德，孝之切務也。曾子以居處不莊，至戰陣無勇，悉云非孝，可見矣。經首序天子之孝曰：「德教加于百姓，刑于四海。」至庶人則曰：「謹慎節用，以養父母。」夫以德教刑四海，天子之孝也；謹身養父母，庶人之孝也。是即《大學》「壹是以修身爲本」也。曾子曰：「小孝用力，中孝用勞，大孝不匱。」不匱之施，此孝之大者也。若《禮記》所載，特孝子事親儀，則經文論孝，自始終節目，及推行功效，無所不備矣。極而言之，雖虞周之孝，尚以爲歉；擴而論之，至塞天地、横四海、施後世、無朝夕，孝之功用大矣哉！故五孝之用雖別，而敬身修德以光顯其先則同，亦維人子之自致焉爾。〔二〕

鴻嘗謂孝子之事親，無間於生死存亡。觀經首敷陳五等之孝，又曰：「宗廟致敬，不忘親也。修身慎行，恐辱先也。」合而觀之，而人子終身之孝端可見矣。世有純孝之資，不幸孩提童穉而親没，其孝一無可伸；又有及時行孝而親忽亡焉，其情俱不能自已。若此

〔一〕「昔史臣贊堯」至「皆大德所致也」，《孝經叢書》本作「夫子贊舜之大孝，而曰：『德爲聖人。』至曰尊，曰富，曰宗廟、子孫，皆大德所得也。史臣贊堯曰：『克明俊德，以親九族。』曰昭明，曰協和，曰時雍，皆峻德所致也」。

〔二〕「善事父母曰孝」至「亦維人子之自致焉爾」一段，《孝經叢書》本在「以下諸篇亦有次序，覽者幸無忽焉」段下。

者，可徒抱終天之恨而已耶？要當立身揚名，繼志述事，無忝所生可也。幹蠱假廟，永言孝思，錫類不匱可也。一出言、一舉足而不敢忘父母，無非所以伸没世之孝云爾。曾子曰：「親戚既没，雖欲孝，誰爲孝？年既耆艾，雖欲悌，誰爲悌？」此勉人及時孝悌之言，豈謂親没而孝遂已哉？載考唐任敬臣五歲喪母，哀毁天至，七歲問父英曰：「若何可以報母？」英曰：「揚名顯親可也。」乃刻志從學，舉孝廉，後官至弘文館學士。我成祖載於《孝順事實》，而親名因以不朽。蓋聖言廣大精微，無所不貫。鴻復揭此，以爲親没者之則。

昔吾夫子曰：「吾志在《春秋》，行在《孝經》。」學者徒誦斯言而未得其旨。夫《春秋》，魯國之史。夫子居魯，法周公假天子之權以賞罰天下，志安在也？蓋《春秋》之法行，則君君、臣臣、父父、子子、夫夫、婦婦，無一而非禮法之森嚴。若所行雖善，而心或未純，亦誅其心而罰之。必期倫物兩全，表裏一致，而成淳龐之治，夫子志也。其曰「行在《孝經》」，以孝乃天經地義而爲民之行，故一孝立而萬善備。出言舉足而忘親者，非所以崇人倫也。曾子得其傳，而於居處不莊、事君不忠、莅官不敬、朋友不信、戰陣無勇，咸以不孝目之。故經曰：「修身慎行，恐辱先也。」行在《孝經》，不可見乎？後之傳《春秋》者亡慮數十家，悉皆因經傳釋，而夫子之志或未之闡明。傳《孝經》者，雖百有餘家，而能白夫子行之所在者，幾何人哉？可慨也已！自宋王安石定科法，惟以《易》《詩》《書》《周禮》《禮記》，而《春秋》獨不與，至詆爲斷爛，又卑視《孝經》而不用。夫子之志行，至今不白於天下。噫！安得有道者一闡明之？〔二〕

〔二〕「鴻嘗謂孝子之事親」至「鴻復揭此，以爲親没者之則」、「昔吾夫子曰」至「安得有道者一闡明之」，二段《孝經叢書》本無，而見於該本《孝經質疑》，其「出言舉足而志親者，非所以崇人倫也」一句作「夫子謂『行在《孝經》』者，將以身率天下也」。

子云：「吾志在《春秋》，行在《孝經》。」乃知《春秋》一書，嚴萬世人臣之法；《孝經》一書，立萬世人子之規。二書相爲表裏，不可偏廢。自宋執政置科取士，兩黜之而不講，識者至今有餘憾焉。今《春秋》已列五經試士，獨《孝經》猶忽爲童習之書，似失尊經之意。鴻爲此懼，謹遵宋元朱、吴舊本，重復訂刻，又蒐輯古今諸集，參以管見，濫付諸梓。梓成，賴道學高賢相爲序跋，咸冀闡明。況覩嘉靖丙戌命題試士，萬曆庚辰首以發策，乙酉又併《春秋》《孝經》以爲策問。是《孝經》一書，我國家未嘗不以爲重。而世猶忽之，豈以其未列於學宮與？鴻拭目翹首以望。〔二〕

〔二〕此識語《孝經叢書》本作「鴻晚得《石臺孝經》，詳玩其注，簡潔精當，得聖人大旨，將付梓以公于世。議者曰：『玄宗鮮克有終，兹何足傳？』鴻以始皇焚書，不二世而殄滅。漢興，惠帝除挾書律，顔貞出《孝經》。文帝置博士，令百姓習讀，詔書詰責。武帝時，《古文孝經》繼出。明帝時，羽林武臣誦習焉。自隋而梁而唐，日漸以盛。獨玄宗究百家異同，會五經旨趣，御製序文并注及書，史稱開元政治，與貞觀同。至天寶三載，詔天下家藏《孝經》，四載刻石國學。後雖遭禄山之變，斯民不忘親上死長之心，忠臣義士奮起而誅之，唐祚賴以不墜，皆尊經教孝之效也。且《春秋》之義，善惡不相掩，明皇闡明聖經有功來學，安得以晚節而掩之？夫石臺之刻，譯古蝌蚪爲隸，則今之刻亦當譯唐隸爲楷也。漢興，表章六經，以篇帙殘缺，既置博士，復令諸儒集校，遂成全書。惟《孝經》未及，止劉向、孔安國一校正之，後各自名家，今考二百餘氏，尚未統會，特發其端倪云尔」。

孝經目録

【明】朱鴻　撰
李静雯　點校

點校説明

《孝經目録》一卷，明代朱鴻撰。鴻，事跡見前《家塾孝經》。

是書爲朱氏輯刻自漢至明《孝經》著述簡目，凡十五種，包括朱氏所撰《家塾孝經》《孝經古文直解》《經書孝語》。其中孫蕡《孝經集善》、王褘《孝經集説》、余時英《孝經集義》三種云「俟獲補刊」。體例爲書名下記撰者及大旨。

是書有《孝經總類》本、《孝經叢書》本。此次點校即以《孝經總類》本爲底本，以《孝經叢書》本爲校本。

孝經目録

明仁和後學朱鴻總輯
錢塘後學馮子京總閱〔一〕

漢孝經

今文直解

列大夫中壘校尉劉子政向所定，用顏芝本，一十八章，至今天下傳誦。向以今〔二〕文比古文，除其繁惑，而文勢曾不若今日之順。原有「閨門」等句，唐司馬貞削之。其題名皆後世所加，非向原本，《直解》則不知何世何人爲之。〔三〕

〔一〕「明仁和後學朱鴻總輯　錢塘後學馮子京總閱」，《孝經叢書》本作「明錢塘後學馮子京總校　仁和後學趙觀參訂」。

〔二〕「今」原作「經」，據文意改。

〔三〕「漢孝經」至「直解則不知何世何人爲之」，《孝經叢書》本作「漢孝經　附《今文直解》，劉向校定」。

唐孝經

隸書石臺

玄宗皇帝御製序并注，其注以鄭玄爲宗。〔一〕

宋孝經

朱文公校定古文

文公用孔壁本，大約備今文語，止辭句、字眼增減微有不同，有「閨門」一節。不列章第，止用古今文以爲某章。朱申逐句注之，謂之《句解》。此宋板也，鴻再梓以傳。

朱文公刊誤

文公取古文《孝經》，刊其誤者，考正其章次，定爲經一章、傳十四章。原本「此一節釋

〔一〕「唐孝經」至「其注以鄭玄爲宗」，《孝經叢書》本作「唐　孝經　御製序并注，及隸書石臺，右玄宗皇帝撰」。

『至德以順天下』之意，當爲傳之首章」，下倣此。今傳本云「右經一章」「右傳之首章」之類，皆後人因朱子所定而移易之，加以此言。元董鼎注。鴻未得元板，翻成化時板。文公以未定之筆，故不注。〔一〕

元孝經

吴文正公校定今古文

文正公以今文、古文校其同異，定爲此本。經依文公《刊誤》爲一章，傳文章次亦因文公所定更爲次其先後。云：「唐注、宋疏及諸解，其説雖詳，其義亦有未明暢者。乃輯此訓釋，畀子文受讀。初不欲其傳，門人張恒請梓。」元板也，鴻謹重翻。〔二〕

〔一〕「宋孝經」至「文公以未定之筆」，《孝經叢書》本作「宋孝經　考定古文并《刊誤》，朱熹正」。

〔二〕「元孝經」至「鴻謹重翻」，《孝經叢書》本作「元孝經　校定古今文，吴澄學」。

大明孝經

孝經集善

孫君蕡仲衍所集，金華宋文憲公撰序。

孝經集説

行中書右丞議刻，義烏王文忠公撰序。

孝經集義

新安余時英集，中順大夫江山趙堂撰序。已上三集，俟獲補刊。

家塾集解

仁和朱鴻序次，原宗文公《刊誤》合古、今文校正之意，以孝治爲宗。故列「明王」等章於首，不分經傳，不次章第，蓋復孔、曾之舊。鴻考古今諸本爲《集解》，間附己意，著《質疑》《臆説》。

孝經解意

奉訓大夫孫本所注。謂：「夫子欲以孝治天下，因道不行，而著爲經，以詔來世。」故通篇皆推言孝之功用切於治理，非專泥事親一節，其説與諸儒别。又譔《孝經説》與《釋疑》，足以闡明二千載未發之旨。

孝經古文直解

鴻始刊《家塾集解》，宗文公《刊誤》本，重事親之節，惟訓子弟而已。復與孫大夫研究旨趣，因觀夫子首揭「先王有至德要道，以順天下」，而即繼云「明王以孝治天下如此」，蓋所以立治準、端化原也，然事親本旨端在其中。故復著《古文直解》并《大旨》，以明作經本意，以告有天下國家之責者。

孝經會通

亞中大夫沈淮序次。不立經傳，不分章第，止列先後序次一十五條，遵文公序次意。鴻仍集古今羽翼《孝經》論序附内。

孝經邇言

癸未進士虞淳熙所注，遵今文本也。惟闡孝道之大，去題名、章第，并經傳，内列《傳宗圖》《全孝圖》《提綱》《彙目》。

經書孝語

鴻取五經四書内關孝道語者，條記句録，集以成秩。蓋世之肄舉子業者專於一經，習家人業者難於博覽，故彙輯以便誦習，俾凡爲人子者，一展卷而可盡得之，蓋亦由象識心之意云爾，豈徒便蒐檢而已哉？

孝經集靈

德園虞氏述古今宗《孝經》而歷有靈驗者，彙以成集，所以爲衆人告也。孝原於天，根於性，夫人所當自盡者，奚假於靈而後勸哉？然世多中人之資，必以此誘之，庶能感發其良，所謂得文王而興者也。昔因孝而顯其靈，今因靈而勉於孝，其爲孝治，豈爲無補云？

宋孝經

范蜀公進古文説

司馬温公進《古文直指》，容獲再梓〔二〕。

〔二〕「大明孝經」至「司馬温公進《古文直指》，容獲再梓」，《孝經叢書》本作「大明孝經《會通》附晉陶潛傳贊，沈淮述。《家塾集解》附《臆説》《質疑》，朱鴻學。《經書孝語》附《曾子孝實》。其《集善》《集説》等編，俟獲補刊。閩建陽宋儒後裔游英梓。《孝經目録》終」。

嗚呼，《孝經》豈易言哉！經曰：「孝弟之至，通於神明，光於四海，無所不通。」而復徵《文王》之詩。信乎，言之不易矣！即聖如禹舜、周文，身踐之而不敢謂盡其義；賢如考亭、草廬，累正之而不敢謂得其旨。況厄於嬴燼，鑿於漢疏，踳駁於唐之百家，卑視於宋之金陵，所以不列學官，不以試士，經之傳於世者，鮮矣。鴻彙輯諸本，謹梓漢、唐、宋、元明顯醇正者五卷，國朝名家及鄙説亦五卷，仍續《經書孝語》《集靈》，互相闡發。鴻尚慮微言奥旨，鬱而未宣。每繹思文公諸賢專以事親之旨明經，則孝屬人子一身，旨疑未切。若統觀大義，取明王孝治爲宗，則刑于四海，得萬國歡心，解經之意，各有歸也。嗚呼！聖人之道，體用一原，顯微無間，但舉「孝」字，而道統、治統盡在其中。彼《解意》《邇言》，知孝之大者；雜著等篇，衍孝之緒者。孝豈易言哉！天下道德高賢、藏書世室，不靳增益以補斯集，羽翼聖經，興起後學，何幸如之！〔一〕

〔一〕此識語《孝經叢書》本無。

圖書在版編目(CIP)數據

古文孝經指解：外二十三種 /（宋）司馬光等撰；
曾振宇，江曦主編；張恩標等點校. —上海：上海古
籍出版社，2021.2
（孝經文獻叢刊. 第一輯）
ISBN 978-7-5325-9888-5

Ⅰ. ①古… Ⅱ. ①司… ②曾… ③江… ④張… Ⅲ.
①家庭道德–中國–古代②《孝經》–注釋 Ⅳ.
①B823.1

中國版本圖書館 CIP 數據核字(2021)第 039598 號

孝經文獻叢刊(第一輯)
曾振宇　江　曦　主編
古文孝經指解(外二十三種)
(全二册)
［宋］司馬光 等　撰
張恩標　徐瑞　李静雯　整理
上海古籍出版社出版發行
（上海瑞金二路 272 號　郵政編碼 200020）
(1) 網址：www.guji.com.cn
(2) E-mail：guji1@guji.com.cn
(3) 易文網網址：www.ewen.co
上海展强印刷有限公司印刷
開本 850×1168　1/32　印張 22.75　插頁 10　字數 377,000
2021 年 2 月第 1 版　2021 年 2 月第 1 次印刷
印數：1—1,800
ISBN 978-7-5325-9888-5
G・732　定價：108.00 元